별숲 어린이 STEM 학교

나도 될 수 있다! 수학 박사

초판 1쇄 인쇄 2020년 10월 5일 | 초판 1쇄 발행 2020년 10월 12일
글 애나 클레이본 | **그림** 케이티 키어 | **옮김** 이계순 | **감수** 박근영 | **편집** 최현경 | **디자인** 손은영
펴낸곳 별숲 | **펴낸이** 방일권 | **출판등록** 제2018-000060호 | **주소** 서울특별시 마포구 양화로 133, 서교타워 1506호
전화 02-332-7980 | **팩스** 02-6209-7980 | **전자우편** everlys@naver.com

ISBN 978-89-97798-98-8 74500
ISBN 978-89-97798-94-0 (세트)

- 이 책 내용의 전부 또는 일부를 사용하려면 반드시 저작권자와 별숲 양측의 서면 동의를 받아야 합니다.
- 책값은 뒤표지에 표시되어 있습니다.
- 잘못된 책은 바꾸어 드립니다.
- 문학의 감동과 즐거움이 가득한 별숲 카페로 초대합니다.(http://cafe.naver.com/byeolsoop)

Copyright © Arcturus Holdings Limited
www.arcturuspublishing.com
All rights reserved.

Korean translation copyright © 2020 by Byeolsoop
Korean translation rights arranged with ARCTURUS PUBLISHING
through EYA(Eric Yang Agency).

이 책의 한국어판 저작권은 EYA(Eric Yang Agency)를 통해 ARCTURUS PUBLISHING과 독점계약한 별숲에 있습니다.
저작권법에 의하여 한국 내에서 보호를 받는 저작물이므로 무단전재와 복제를 금합니다.

이 도서의 국립중앙도서관 출판예정도서목록(CIP)은 서지정보유통지원시스템 홈페이지(http://seoji.nl.go.kr)와
국가자료종합목록 구축시스템(http://kolis-net.nl.go.kr)에서 이용하실 수 있습니다. (CIP제어번호 : CIP2020038479)

STEM이란?

과학(Science), 기술(Technology),
공학(Engineering),
수학(Mathematics)에 통합적으로
접근하여, 이 과목에 대한 학생들의
관심과 흥미를 증진하고자 노력하는
세계적인 인재 양성 방법입니다.

차례

숫자는 어디에나 있다! 4
마방진 6
뫼비우스의 띠 8
구구단 외우기 10
황금비 12
암호 14
대칭 16
회전 대칭 18
동그란 바퀴 20
쪽매 맞춤 22
도형의 넓이 24
소수 26
그래프 28
원그래프 30
원 그리기 32
확률 실험 34
별 모양 다각형 36
다각형과 다면체 38
프랙털 구조 40
기하급수 42

직선으로 곡선 그리기 44
원주율 46
부피 재기 48
이진 코드 50
길이의 단위 52
끊임없이 계산하는 뇌 54
어마어마하게 큰 수 56

깜짝 퀴즈 58
정답과 풀이 60
주요 개념 62
추천하는 글 64

숫자는 어디에나 있다!

숫자는 수학 공부 할 때만 쓰는 게 아니에요. 그보다 훨씬 다양한 쓰임새가 있지요! 사실 숫자는 살아가는 데 꼭 필요해요. 우리는 언제나 숫자를 사용하고 숫자의 도움을 받지요.

숫자가 없다면 아래 같은 경우에 어떻게 될지 한번 상상해 봐요!

내 생일잔치에 초대할게!
6월 7일
오후 3시

우리 선수들이 8대 5로 이겼습니다!

이제 밀가루를 2숟가락 넣고 저어 봐.

우리 집은 202동 1305호야.

거스름돈 1100원입니다.

카운트다운 시작 15초 전…….

건물 주소, 은행 일, 버스 노선부터 지금 몇 시인지 아는 것까지, 숫자는 어디에나 사용돼요.

친구의 마음을 읽어 보자

아주 간단한 숫자 마술부터 시작해요. 아래에 적힌 방법을 순서대로 잘 기억해서 친구에게 시험해 봐요.

먼저 친구 몰래 종이에다 숫자 5를 적어요. 종이를 접어서 봉투에 넣어요.

1. 친구에게 숫자를 하나 떠올려 보라고 해요. 아무 숫자나 상관없어요!

2. 그 숫자에 2를 곱한 뒤, 10을 더하게 해요.

3. 그 값을 2로 나눈 다음, 처음 생각했던 숫자를 빼도록 해요.

4. 여러분이 마법의 힘으로 친구의 생각을 읽어서, 마지막에 나온 숫자가 무엇인지 알아맞혀 보겠다고 말해요. 그러면서 봉투를 열어 보라고 해요.

빠른 암산으로 유명했던 인도의 수학자 샤쿤탈라 데비는 이렇게 말했어요.

> 수학이 없다면 우리는 아무것도 할 수 없다. 우리를 둘러싼 모든 것이 수학이다. 우리를 둘러싼 모든 것이 숫자다.

봉투에서 나온 숫자가 정답이라 친구가 깜짝 놀라겠지요! 하지만 이 마술의 비밀은, 어떤 숫자를 떠올리든 결과가 5가 나온다는 거예요.

마방진

마법의 정사각형 '마방진'은 정사각형 칸에 1부터 차례차례 숫자를 적었을 때 가로 세로, 대각선에 있는 수를 더하면 모두 같은 값이 나오도록 늘어놓는 거예요. 마방진은 수천 년 전부터 알려졌는데, 고대 중국의 '낙서' 전설에서 유래했다고 해요.

약 4천 년 전인 중국 하나라 때, 뤄수이(낙수)강이 자꾸 흘러넘쳤어요. 홍수가 나지 않도록 물길을 고치는데, 강에서 등에 이상한 무늬가 새겨진 거북 한 마리가 나타났어요. 점의 개수로 1부터 9까지 나타낸 무늬가 정사각형으로 배열되어 있었지요. 놀랍게도 이 수들은 가로, 세로, 대각선으로 더한 값이 모두 똑같이 15였어요. 그 뒤로 사람들은 이 무늬가 신비한 힘을 지녔다고 여겼어요.

이 무늬는 낙수에서 나왔다고 해서 낙서라고 해. 낙서에 우주 만물의 비밀이 담겨 있다는 믿음은 나중에 동양에서 가장 오래된 경전인 《주역》으로 발전했지. 마방진은 아라비아 상인들을 통해 유럽까지 전해졌는데, 유럽에서는 우울증을 치료하는 부적으로 쓰였대.

마방진을 풀어 보자

마방진은 거북이의 등에 새겨진 방식 말고도 모양이나 크기, 숫자 배열 방법이 아주 다양해요. 아래 마방진은 1부터 차례대로 숫자를 한 번씩 쓰는 원래 마방진과 조금 다르게, 여러 숫자를 뒤섞어 쓰되 가로, 세로, 대각선의 합이 아래에 적힌 '마법합'이 되도록 만든 마방진이에요. 빈칸을 채워서 마방진을 완성해 보세요.

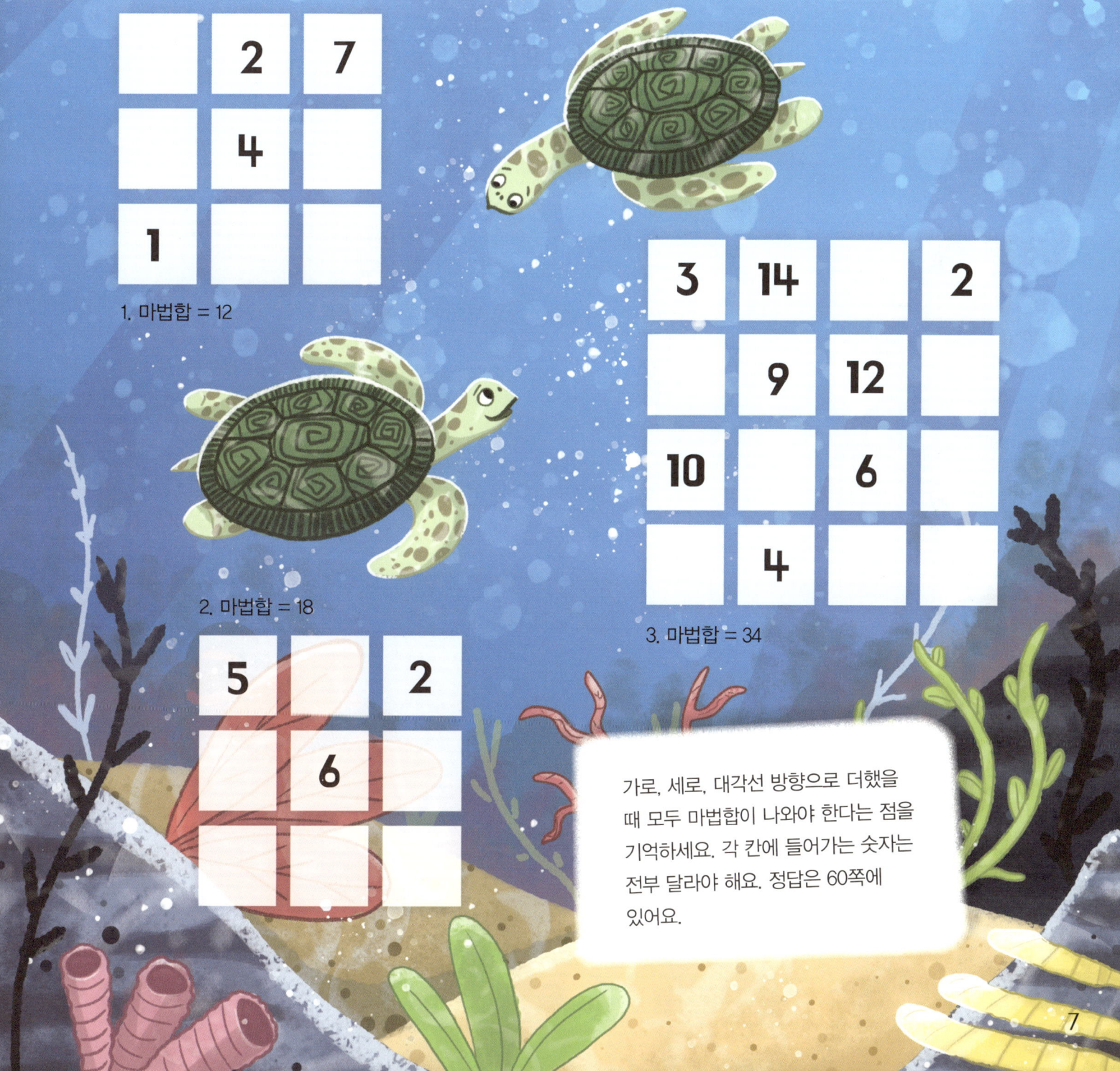

1. 마법합 = 12

2. 마법합 = 18

3. 마법합 = 34

가로, 세로, 대각선 방향으로 더했을 때 모두 마법합이 나와야 한다는 점을 기억하세요. 각 칸에 들어가는 숫자는 전부 달라야 해요. 정답은 60쪽에 있어요.

뫼비우스의 띠

아래 고리 모양 그림에서 뭔가 이상한 점을 찾았나요? 얼핏 평범한 종이 고리로 보이지만, 자세히 보면 마법처럼 신기한 수학 도형이랍니다. 이름은 '뫼비우스의 띠'라고 해요.

테두리도 하나

면도 하나

뫼비우스의 띠에는 한쪽 면밖에 없어요! 그림을 잘 보세요. 평범한 띠를 한 번 꼰 다음 양쪽 끝을 이어 붙인 거예요. 손가락으로 띠의 면을 짚으며 움직여 봐요. 안과 밖이 구별되는 보통 고리와 달리, 뫼비우스의 띠는 한쪽 면만 끝없이 이어져요. 그래서 띠를 따라 손가락을 움직이면 띠의 모든 면을 다 짚은 다음 시작점으로 돌아오게 되지요.

수학을 예술로 표현한 화가 마우리츠 코르넬리스 에셔는 이 생각을 토대로, 뫼비우스의 띠를 따라 개미가 기어가는 모습을 판화로 나타냈어요. 아래 그림처럼요.

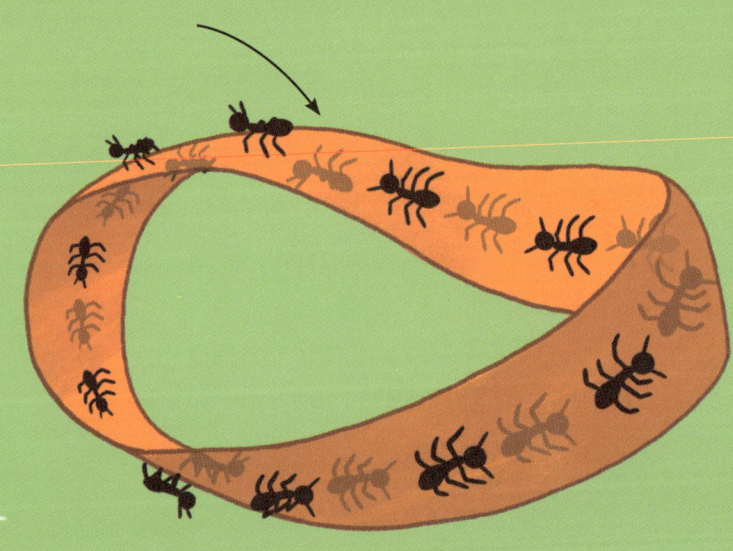

뫼비우스의 띠는 테두리도 하나뿐이야. 선을 연결하면 한 줄로 쭉 이어지지.

뫼비우스의 띠를 만들자

뫼비우스의 띠를 직접 만들어서 얼마나 신기한지 한번 확인해 봐요. 친구에게 뫼비우스 띠를 보여 주며 어디가 안이고 밖인지 물어본 다음, 사실은 안과 밖이 따로 있지 않다는 걸 알려 주면 깜짝 놀랄 거예요.

준비합시다
- 종이
- 가위
- 풀
- 펜

1. 종이를 길이 약 30cm, 폭 2~3cm로 잘라요.

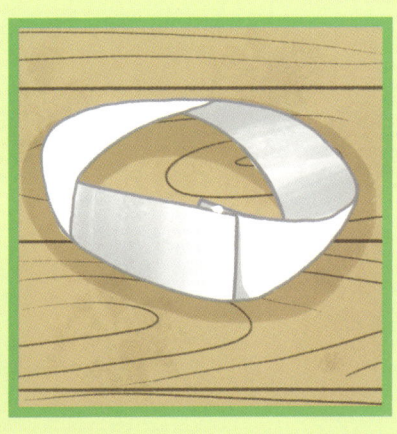

2. 종이 띠를 고리처럼 양쪽 끝이 맞닿게 한 다음, 한쪽 끝을 뒤집어서 서로 붙여요. 풀이 마를 때까지 손가락으로 꼭 눌러요.

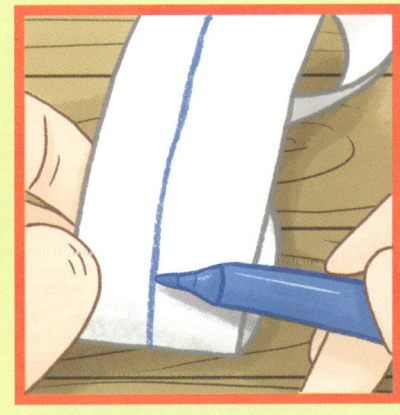

3. 띠의 가운데를 따라 펜으로 선을 쭉 그어요. 계속 긋다 보면 처음 시작한 곳에 도착할 거예요. 뫼비우스 띠에 면이 하나밖에 없다는 것을 확인할 수 있지요.

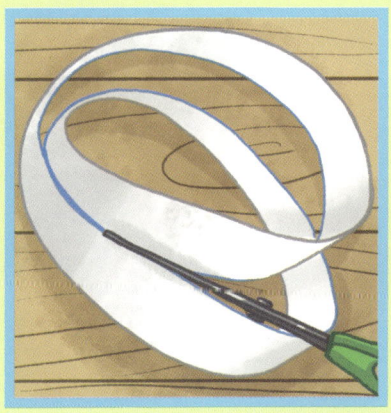

4. 가운데에 그은 선을 따라서 띠를 가위로 잘라요. 선을 따라 쭉 자르면 띠가 반으로 나뉘어야겠지요. 자, 어떻게 되었나요?

구구단 외우기

초등학교 2학년이 되면 누구나 구구단을 배워요. 구구단은 아주 쓸모가 많아요. 어쩌면 학교에서 배운 지식 중에 가장 널리 쓰이는 것일지도 몰라요. 하지만 구구단을 외우는 일은 절대 쉽지 않아요.

간단한 암산 마술로 구구단을 새롭게 이해해 보자!

4단이 생각나지 않으면, 원래 수에 2를 곱한 다음 또다시 2를 곱해요.

예시 :　　　　　　　6×4

2를 곱해요 :　　　　6×2=12
또다시 2를 곱해요 :　12×2=24

6×4=24

5단이 생각나지 않으면, 원래 수를 2로 나눈 다음 10을 곱해요.

예시 :　　　　　　6×5

2로 나눠요 :　　　6÷2=3
10을 곱해요 :　　3×10=30

6×5=30

9단이 생각나지 않을 때는, 손가락 10개를 이용해요.

두 손을 앞으로 쭉 뻗어요. 머릿속으로 왼손 새끼손가락부터 차례대로 1부터 10까지 숫자를 매겨요. 어떤 숫자에 9를 곱하려면, 그 숫자에 해당하는 손가락을 접어요.

그 손가락의 왼쪽에 있는 손가락 개수는 십의 자리가 되고, 그 손가락의 오른쪽에 있는 손가락 개수는 일의 자리가 되지요.

예시 :　　　　　　6×9
6에 해당하는 오른손 엄지손가락을 접고, 왼쪽 오른쪽 손가락 개수를 세요.

6×9=54

손가락으로 계산해 보자

6에서 10 사이에 있는 어떤 두 수의 곱은 손가락 열 개로 계산할 수도 있어요. 손가락 계산법을 익혀서 아래 문제를 한번 풀어 봐요.

손바닥이 보이도록 두 손을 앞으로 내밀고, 손끝이 서로 맞닿도록 해요.

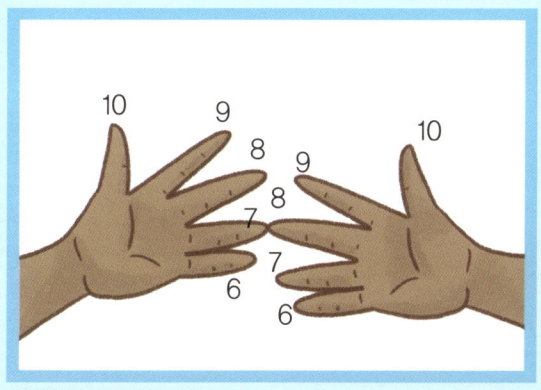

1. 머릿속으로 그림처럼 엄지부터 새끼손가락까지 순서대로 10, 9, 8, 7, 6 숫자를 매겨요. 곱하려는 두 수에 해당하는 손가락을 맞붙여요. 예를 들어 7×8은 위의 그림과 같아요.

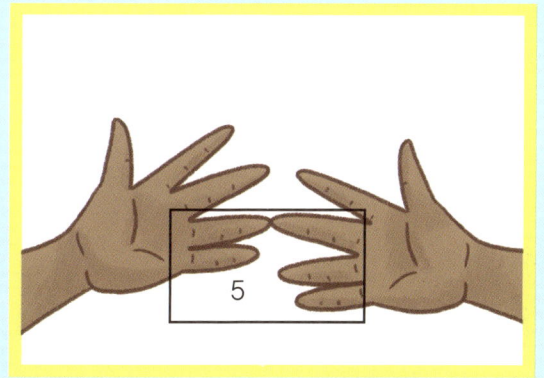

2. 서로 붙어 있는 손가락과 그 밑에 있는 손가락의 개수를 다 센 다음, 끝에 0을 붙여요. 7×8에서 손가락 개수는 모두 5개이고, 끝에 0을 붙이면 50이 되지요.

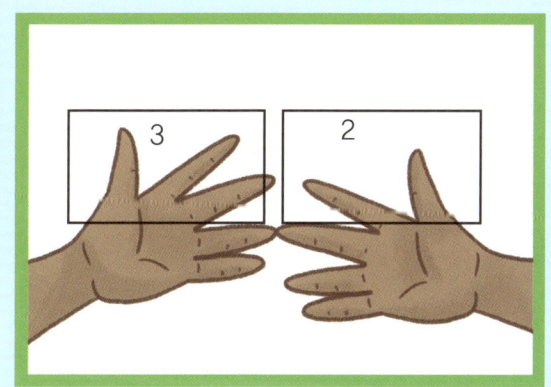

3. 이제 붙어 있는 손가락 위쪽의 손가락 개수를 왼쪽과 오른쪽 따로 세서 곱해요. 즉, 3×2=6 이 되지요. 여기에 2번에서 나온 수를 더해요. 50+6=56, 그래서 정답은 7×8=56!

손가락 계산법으로 아래 곱셈을 풀어 보세요.

6 x 7   9 x 8

8 x 10   10 x 6

7 x 9   7 x 10

9 x 10   9 x 9

6 x 8   6 x 9

황금비

두 가지 수나 양을 서로 비교해서 몇 배인지 나타내는 것을 '비'라고 하고, 비의 값을 분수나 소수로 나타낸 것을 '비율'이라고 해요. 예를 들어 여러분에게 사과 9개와 바나나 6개가 있다면, 사과와 바나나의 비는 3:2예요. 바나나 2개당 사과 3개가 있다는 뜻이고, 비율로는 3/2, 즉 1.5로 나타내지요. 그런데 비 중에 사람들이 특별하게 여기는 '황금비'가 있어요.

황금비의 두 번째 수는 사실 끝없이 이어져요. 하지만 보통은 쉽게 기억할 수 있도록 반올림해서 간단히 1.618로 쓰지요.

황금비
1 : 1.61803398874989484820…

황금비는 어디서 찾아볼 수 있을까요? '황금 사각형'이라고 불리는 특별한 직사각형이 바로 황금비로 이루어져 있답니다. 황금 사각형에서 이웃한 두 변, 그러니까 가로와 세로 길이의 비율은 1.618이지요.

예술가와 건축가 들은 종종 황금 사각형이나 황금비를 이용해서 작품을 만들어요.

황금 사각형에서 그림처럼 정사각형을 잘라 내면, 작은 황금 사각형이 남아요

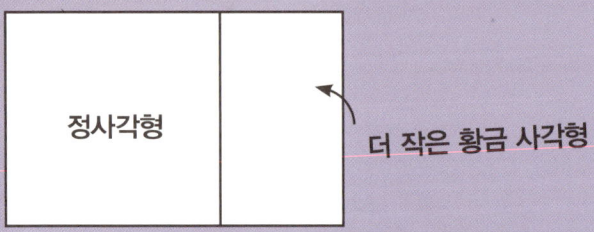

작은 황금 사각형에서 정사각형을 또 잘라 내면, 또다시 더 작은 황금 사각형이 남아요. 자르고 또 자르고… 영원히 잘라도 마찬가지지요.

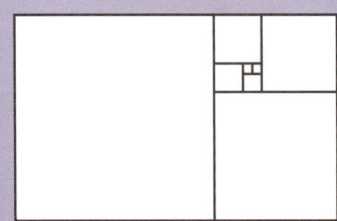

황금 나선을 그리자

황금비를 이용하여 아름다운 나선 모양을 그려 봅시다.

1. 종이와 연필, 자를 준비해요. 모눈종이가 있으면 더 반듯하게 그릴 수 있어요.

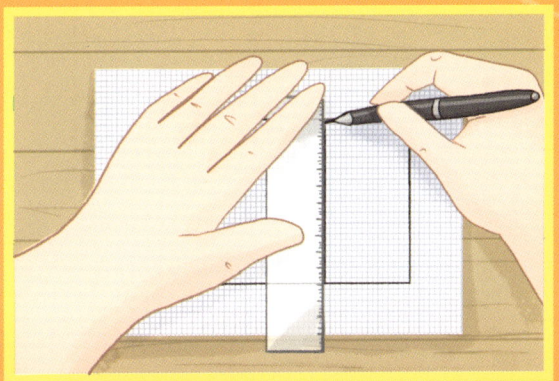

2. 세로 1cm, 가로 1.618cm의 직사각형을 그려요. 또는 원하는 세로 길이를 정하고, 계산기로 1.618을 곱해서 가로 길이를 구할 수도 있어요. 완성된 황금 사각형 안에 세로 길이에 해당하는 정사각형을 그려요.

3. 작은 황금 사각형 안에 또다시 정사각형을 그려요. 직사각형이 너무 작아서 더 그리기 힘들 때까지 계속 그려요.

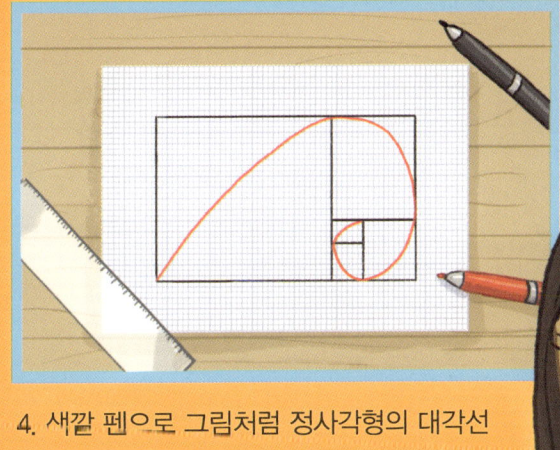

4. 색깔 펜으로 그림처럼 정사각형의 대각선 방향 모서리를 서로 둥그스름하게 연결하고, 같은 방법으로 계속 이어 그려요.

마지막으로 연필 선을 지우면 완벽한 황금 나선 모양만 남지.

暗號

오랜 옛날부터 사람들은 비밀리에 정보를 주고받기 위해 숫자를 써서 암호를 만들었어요. 오늘날에도 마찬가지고요. 온라인으로 물건을 살 때면 결제 내용이 숫자 암호로 바뀌어요. 그래서 도둑맞지 않고 인터넷을 통해 안전하게 보내지지요.

간단한 형태의 숫자 암호 중 하나는 숫자로 문자를 나타내는 방법이에요. 예를 들면 아래처럼 낱자과 숫자를 순서대로 하나씩 짝 맞추는 거지요.

ㄱ	ㄴ	ㄷ	ㄹ	ㅁ	ㅂ	ㅅ	ㅇ	ㅈ	ㅊ	ㅋ	ㅌ	ㅍ	ㅎ	ㅏ	ㅑ	ㅓ	ㅕ	ㅗ	ㅛ	ㅜ	ㅠ	ㅡ	ㅣ
1	2	3	4	5	6	7	8	9	10	11	12	13	14	15	16	17	18	19	20	21	22	23	24

암호를 풀 수 있겠니?

그런 다음, 숫자 암호를 사용하여 메시지를 만들어요.

8 15 9 21 / 7 21 24 8 21 17 8 20

읽타 : 아눗 뒤섞풍

고대 그리스 사람들은 '스키테일'이라는 특별한 막대기를 이용해서 전달하고 싶은 메시지를 암호로 만들었어요. 보내는 사람은 기다란 양피지 끈을 스키테일에 돌돌 감은 다음, 가로 방향으로 메시지를 적어요. 양피지 끈을 풀면 글자가 뒤섞여 무슨 말인지 알기 어렵지요. 이 양피지 끈이 전달하는 사람을 통해 원하는 사람에게 보내져요. 그러면 보낸 사람과 똑같은 지름의 스키테일을 가진 사람만 양피지 끈을 다시 돌돌 말아서 메시지를 제대로 읽을 수 있지요.

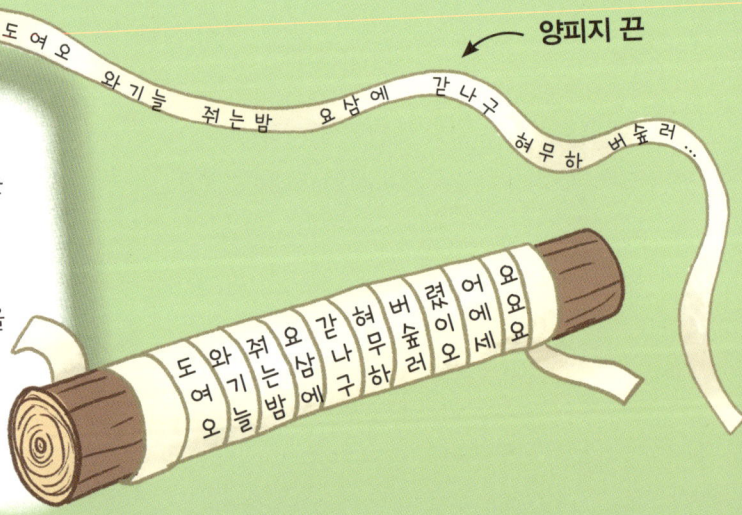

← 양피지 끈

암호 돌림판을 만들자

암호 돌림판을 이용하면 그때그때 새로운 숫자 암호로 메시지를 전할 수도 있어요. 이렇게 암호를 만들면 깨기 어려워서 비밀이 거의 새 나가지 않아요. 암호를 보내는 사람과 받는 사람이 각각 똑같은 암호 돌림판을 가지고 있어야 해요.

준비합시다

- 두꺼운 종이
- 자
- 가위
- 컴퍼스나 원을 대고 그릴 수 있는 물건
- 연필
- 할핀(아래가 둘로 갈라진 핀)

1. 두꺼운 종이에 지름이 10cm인 원과 8cm인 원을 하나씩 그려요. 가위로 오린 다음, 연필로 한가운데에 구멍을 뚫어요.

2. 원의 중심을 지나는 직선을 12개 그려서, 원을 24등분 해요. 먼저 직선 4개를 같은 간격으로 그어 8등분 한 다음, 각 칸 사이마다 2줄씩 그어서 세 칸으로 나누면 되지요.

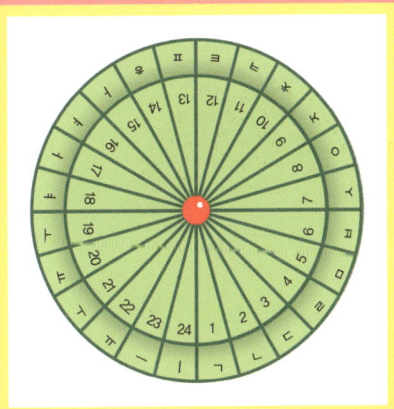

3. 큰 원의 가장자리에 한글 자음 14개와 모음 10개를 적어요. 작은 원의 가장자리에는 숫자를 1에서 24까지 적어요. 두 원을 겹쳐서 가운데를 할핀으로 고정해요.

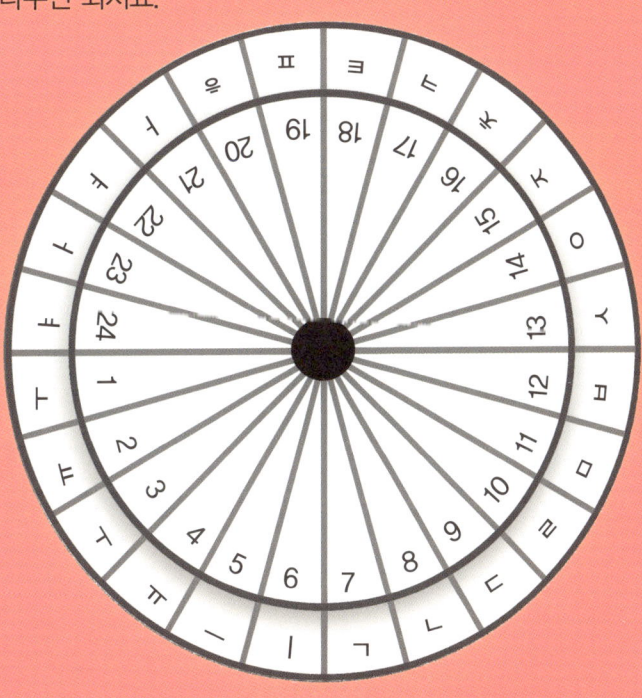

4. 메시지를 암호로 만들기 전에, 'ㄱ'과 같은 칸에 있는 숫자를 적어 둬요. 그러면 암호 돌림판이 완성되지요! 이제 쓰고 싶은 말의 자음과 모음에 해당하는 숫자를 적어서 암호를 만들어요.

대칭

대칭이란 어떤 점, 선, 면을 사이에 두고 양쪽 모양이 같은 것을 말해요. 선대칭 도형은 어떤 기준선을 중심으로 한쪽이 반대쪽을 거울에 비춘 모양과 같지요. 그 가운데 있는 기준선을 대칭축이라고 해요.

우리 주변에 있는 아주 많은 것들이 대칭 모양이거나 대칭에 가까워요. 선대칭 도형에는 적어도 하나의 대칭축이 있지요.

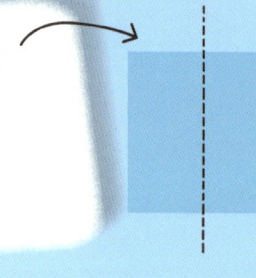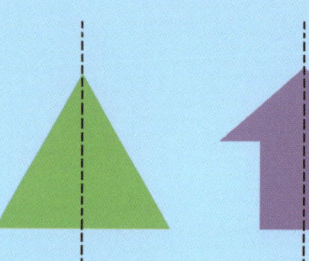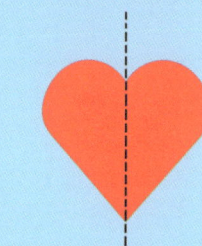

이 모양은 대칭이 아니에요! 어디에 선을 그어도, 양쪽이 거울에 비춘 모양이 되도록 할 수 없거든요.

주변에 대칭 모양이 얼마나 많은지 한번 찾아볼래?

수많은 생물도 대칭 모양으로 되어 있어요. 사람의 몸도 대칭을 이루지요. 동물들은 다리와 날개 같은 몸 일부가 양쪽에 같은 개수로 되어 있는 경우가 많아요.

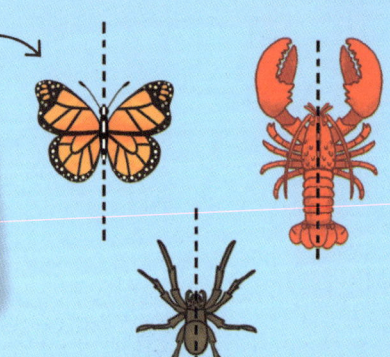

건물이나 다리 같은 커다란 건축물부터 옷이나 유리병처럼 날마다 쓰는 일상용품까지, 사람이 만든 물건 중에도 대칭으로 된 것이 많아요.

16

대칭 모양을 완성해 보자

여러분 얼굴에서 사라진 반쪽을 채워서 멋진 작품을 만들어 볼까요?
얼굴 말고 다른 대칭인 물건으로 해 봐도 재미있을 거예요.
단순한 모양부터 복잡한 모양까지 다양하게 시도해 보세요.

1. 카메라를 똑바로 바라보며 앞모습 사진을 찍어요.

2. 종이에 출력한 다음 반으로 잘라요.

3. 사진 반쪽을 다른 종이에 붙이고, 사라진 반쪽을 그려 넣어요.

4. 모눈종이를 쓰거나, 자를 대고 일정한 간격으로 가로세로 선을 그은 다음 그리면 좀 더 쉬워요.

회전 대칭

아래의 프로펠러는 선대칭 도형일까요? 아니에요. 양쪽을 거울에 비춘 듯 똑같은 모양으로 나누는 대칭축을 찾을 수 없으니까요. 이 모양은 '회전 대칭'이라는, 또 다른 대칭 모양이에요.

회전 대칭 모양은 회전시킬 때 중간중간 원래와 똑같은 모양이 되지요. 이 프로펠러는 한 바퀴 돌리는 동안 네 차례 처음과 똑같은 모양이 돼요.

1   돌려요!   2   돌려요!   3   돌려요!   4

우리 주변에는 회전 대칭인 물건도 여럿 찾아볼 수 있어.

바람개비

톱니바퀴

선대칭이자 회전 대칭인 모양도 있어요. 예를 들면 눈 결정 모양이 그렇지요.

회전 대칭 모양을 만들자

종이를 여러 번 접은 뒤 가위로 오려서 눈 결정 모양을 만들어 본 적이 있나요? 같은 방법으로 여러 가지 회전 대칭 모양을 만들어 봅시다.

준비합시다

- 종이
- 연필
- 가위
- 컴퍼스나 원을 대고 그릴 수 있는 접시, 공기

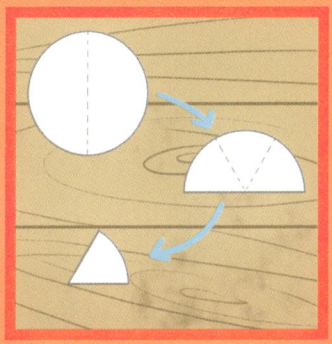

1. 눈 결정은 한 바퀴 돌릴 때 여섯 번 같은 모양이 되는 6회 회전 대칭 모양이에요. 먼저 종이를 동그랗게 오린 뒤 반으로 접어요. 그런 다음 그림처럼 3등분 선에 따라 접어요.

2. 접은 종이에 작은 모양을 그린 뒤 가위로 오려요. 이때 양쪽 가장자리의 종이가 다 잘려 나가지 않도록 어느 정도 남겨 둬야 해요.

3. 종이를 펼쳐서 6회 회전 대칭이 맞는지 확인해 보세요.

6회 회전 대칭

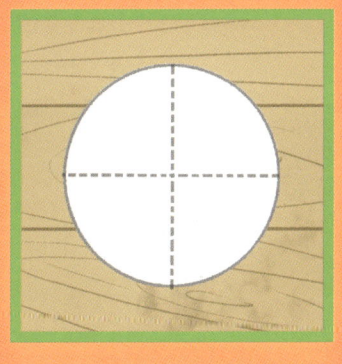

4회 회전 대칭

정사각형이나 원을 두 차례 반으로 접어서 오려요.

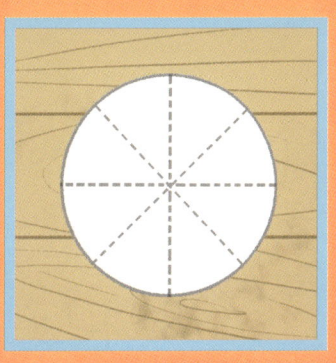

8회 회전 대칭

정사각형이나 원을 세 차례 반으로 접어서 오려요.

19

동그란 바퀴

자전거 바퀴가 세모나 네모 모양이면 좋겠다고 생각하는 사람도 있을까요? 아마도 없을 거예요. 자전거를 제대로 탈 수 없으니까요. 그런데 왜 바퀴로 쓰기 가장 좋은 모양은 원 모양일까요?

원 한가운데를 가로지르는 거리를 '지름'이라고 해요. 한 원에서 어느 부분을 재도 지름은 늘 똑같아요.

자전거, 자동차, 스케이트보드처럼 바퀴가 달린 탈것에는 바퀴를 고정하는 굴대라는 긴 막대기가 있어요. 양쪽에 있는 두 바퀴의 한가운데에 붙어 있으면서 두 바퀴를 이어 주지요.

그럼 바퀴가 정사각형이라면 어떨까요?

동그란 바퀴가 굴러갈 때, 그 중심은 언제나 땅에서 같은 거리만큼 떨어져 있지. 그래서 차가 부드럽게 앞으로 나아갈 수 있는 거야!

정사각형은 한가운데를 가로지르는 거리가 늘 같지 않아요. 마주 보는 변끼리 이을 때는 더 짧고, 꼭짓점끼리 이을 때 가장 길지요.

삼각형 바퀴를 만들자

중심을 가로지르는 너비가 항상 같은 모양이 원 말고 또 있을까요?
여러분 생각은 어떤가요?

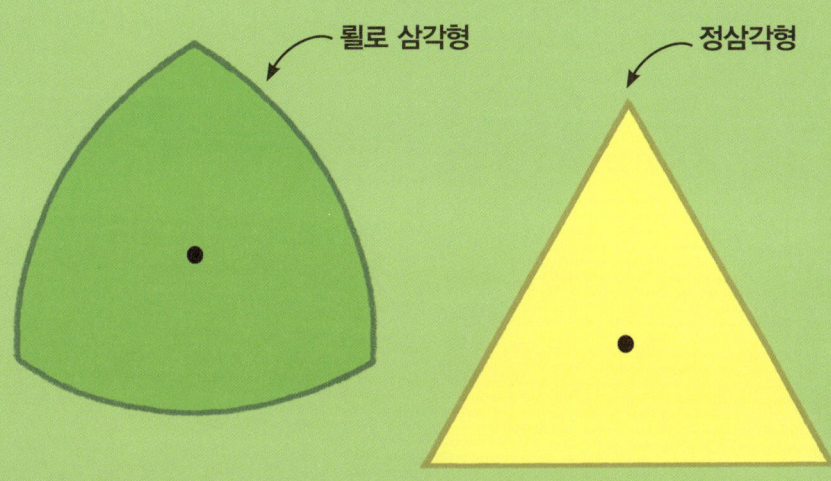

뢸로 삼각형

정삼각형

먼저 오른쪽 정삼각형에서 한가운데 찍힌 점을 지나는 너비를, 위치를 바꿔 가며 자로 재 보세요. 정사각형과 마찬가지로 어느 위치에서 재느냐에 따라 길이가 달라지지요.

이번에는 뢸로 삼각형에서 중심점을 지나는 너비를 여러 번 재 보세요. 어떤가요?

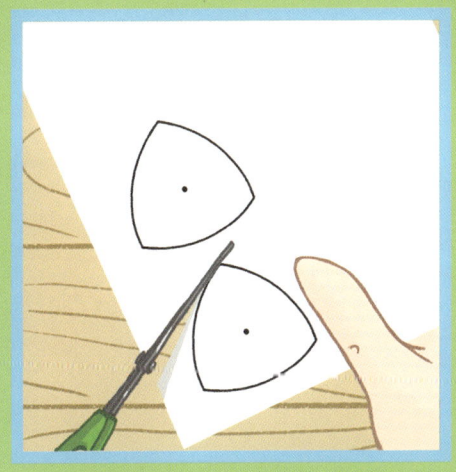

먼저 위에 있는 뢸로 삼각형에 얇은 종이에 대고 두 개 따라 그린 뒤, 두꺼운 종이에 붙여서 가위로 오려요.

연필을 차축으로 삼아서 뢸로 삼각형 한가운데를 통과하도록 꿴 다음, 탁자 위에 놓고 굴려 보세요.

뢸로 삼각형 바퀴는 덜컹거리며 굴러갈까요, 아니면 부드럽게 굴러갈까요?

쪽매 맞춤

화장실 벽에 타일을 붙일 때는 빈틈없이 들어맞는 조각이 필요해요. 이처럼 도형을 여러 번 반복해서 배열할 때 틈이 생기거나 겹치도록 하지 않고 공간을 완전히 메꾸는 것을 쪽매 맞춤, 또는 테셀레이션이라고 해요.

쪽매 맞춤을 할 때는 주로 정삼각형, 정사각형, 직사각형처럼 단순한 모양을 사용해요.

원으로는 쪽매 맞춤을 할 수 없어요. 원끼리는 아무리 가까이 붙여도 항상 틈이 생기기 때문이에요.

육각형 쪽매 맞춤

꿀벌은 육각형 쪽매 맞춤으로 벌집을 지어.

서로 다른 두 개의 모양을 규칙적으로 배열하여 쪽매 맞춤을 할 수도 있어요.

쪽매 맞춤은 단순한 모양으로만 할 수 있는 건 아니에요. 휘어지고 복잡하고 특이한 모양으로도 할 수 있지요.

도형의 넓이

정사각형과 직사각형, 삼각형에서 각 변의 길이나 높이를 알면 넓이를 구할 수 있어요. 모눈종이에 그리면 좀 더 쉽게 이해할 수 있지요.

정사각형이나 직사각형의 넓이는 가로 길이에 세로 길이를 곱한 값이에요.

가로 4칸
세로 4칸
4 × 4 = 16
넓이 = 16칸

가로 18칸
세로 12칸
18 × 12 = 216
넓이 = 216칸

이 내용을 알면 다음 쪽에 나온 문제도 쉽게 해결할 수 있을 거야. 풀 수 있는지 한번 확인해 볼래?

직각 삼각형의 넓이는 밑변에 높이를 곱한 다음 2로 나눈 값이에요.

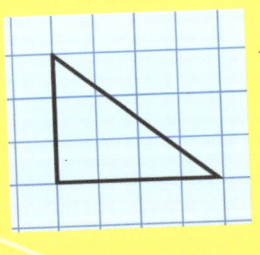

밑변 4칸
높이 3칸
4 × 3 = 12
12 ÷ 2 = 6
넓이 = 6칸

사라진 정사각형을 찾아보자

아래 모눈종이에 그려진 도형은 네 가지 단순한 모양으로 이루어져 있어요. 네 도형이 조각 그림 퍼즐처럼 아귀가 딱 맞지요.

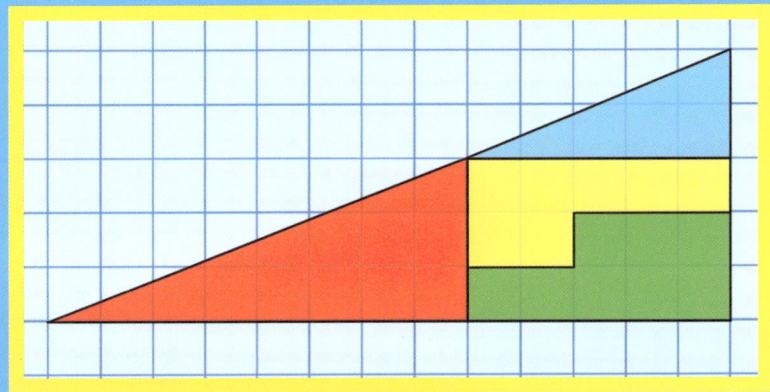

전체 도형은 직각 삼각형이고, 밑변은 13칸, 높이는 5칸이에요. 그러면 다음과 같이 넓이를 구할 수 있지요.

13 × 5 = 65
65 ÷ 2 = 32.5칸

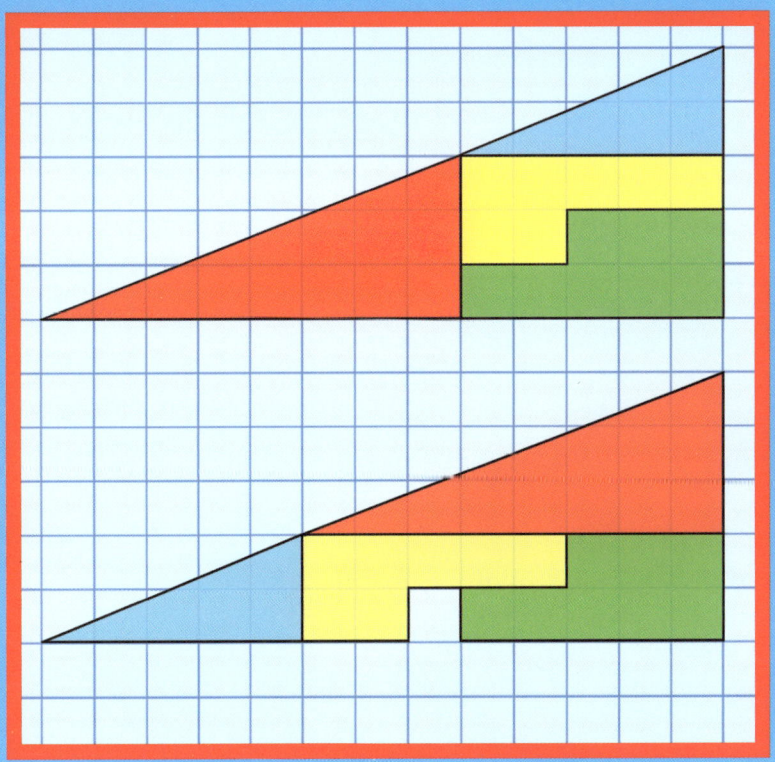

그런데 네 조각의 위치를 바꾸었더니, 뭔가 좀 달라졌어요. 정사각형 한 칸만큼 구멍이 난 거예요! 전체 직각 삼각형의 넓이는 한 칸 줄어들었을까요, 아니면 그대로일까요?

어떻게 된 일인지 알아냈나요? 직접 확인해 보려면 책에 얇은 종이를 대고 전체 모양을 똑같이 따라 그린 뒤, 네 부분으로 나누어 오려요. 그런 다음 그림처럼 도형의 위치를 바꾸어 보세요.

25

소수

소수는 아주 신비한 수학 마법이에요.
소수(小數)가 아니라 소수(素數) 말이에요.
'소쑤'라고 읽는 뒤의 소수는 1과 그 수 자신 말고는 어떤 수로도 나누어떨어지지 않는 자연수를 말해요.

7은 소수예요.
1×7=7
7×1=7

6은 소수가 아니에요. 6을 2로 나누면 3이 되고, 3으로 나누면 2가 되지요. 3과 2를 곱하면 6이 되고요. 이처럼 1보다 큰 자연수 가운데 소수가 아닌 수를 '합성수'라고 해요.

6은 합성수예요.
1×6=6   이렇게도 나뉘지요.
6×1=6   2×3=6
3×2=6

아래 표는 1부터 100까지의 자연수 중에서 소수를 표시한 거예요. 어떤 규칙이 보이나요? 이다음에 어떤 소수가 나올지 예측할 수 있나요?

1	2	3	4	5	6	7	8	9	10
11	12	13	14	15	16	17	18	19	20
21	22	23	24	25	26	27	28	29	30
31	32	33	34	35	36	37	38	39	40
41	42	43	44	45	46	47	48	49	50
51	52	53	54	55	56	57	58	59	60
61	62	63	64	65	66	67	68	69	70
71	72	73	74	75	76	77	78	79	80
81	82	83	84	85	86	87	88	89	90
91	92	93	94	95	96	97	98	99	100

소수가 나오는 규칙을 찾을 수 있다면, 너는 정말 천재 수학자야! 아직 아무도 정확한 규칙이나 다음에 어떤 소수가 나올지 예측할 방법을 찾지 못했거든.

소수를 기억해 보자

숫자 카드에서 소수를 찾아보세요.

준비합시다

- A4 용지 크기의 적당히 빳빳한 종이 4장
- 자와 연필
- 가위
- 펜

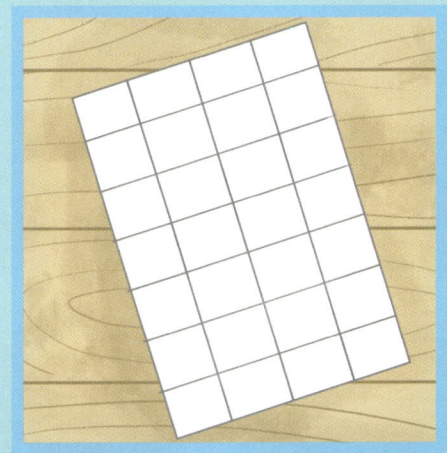

1. 자와 연필로 위 그림처럼 종이 한 장에 가로 4개, 세로 7개, 모두 28개의 직사각형이 나오도록 그려 보세요.

2. 선을 따라 자르면 카드놀이를 하기 적당한 낱장 카드가 만들어져요. 각 카드에 펜으로 1부터 100까지 숫자를 적어요. 몇 장이 남을 거예요.

3. 2명 이상이 놀이에 참여할 수 있어요. 카드를 뒤집은 채로 같은 수만큼 나눠 가져요. 한 사람씩 차례로 카드 한 장을 숫자가 보이도록 한가운데에 내려놓아요. 카드에 적힌 수가 소수일 때, 가장 먼저 "소수!"라고 외친 사람이 쌓여 있는 카드를 모두 가져가요. 100장의 카드를 다 모은 사람이 최종 우승자예요.

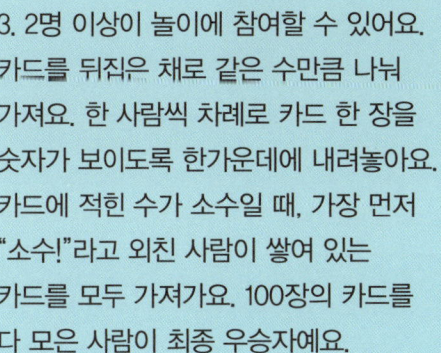

그래프

그래프란 여러 정보를 직선이나 곡선 같은 그림 형태로 보여 주는 거예요. 이렇게 하면 어떤 사실을 한눈에 알아볼 수 있고 서로 비교하기도 쉽지요.

아래 같은 그래프를 막대그래프라고 해요. 이 막대그래프는 어떤 집단 사람들이 집에서 무슨 동물을 많이 기르는지 나타내고 있어요.

이 집단에서 개와 고양이가 가장 인기 있고, 쥐는 인기가 없다는 사실이 한눈에 보이지.

오른쪽 꺾은선 그래프는 날마다 줄넘기 연습을 한 친구의 기록이 어떻게 달라졌는지 보여 줘요.

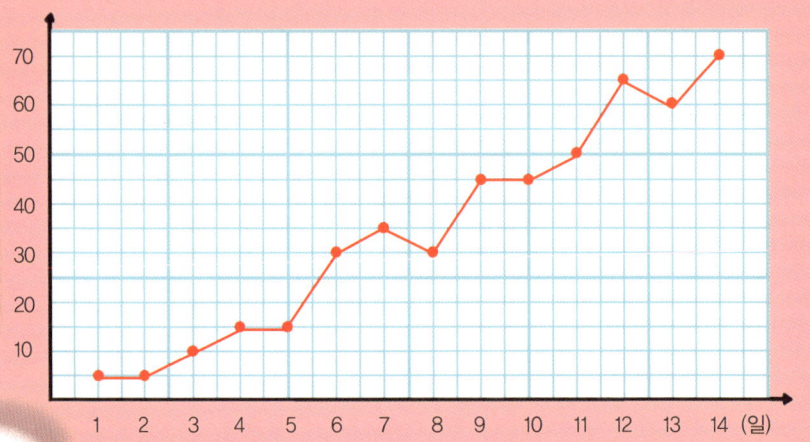

그래프의 아래쪽 가로 방향을 X축이라고 하고, 세로 방향을 Y축이라고 해요. 그래프의 단위는 X축은 왼쪽부터 오른쪽으로, Y축은 아래부터 위쪽으로 쓰지요. 오른쪽 그래프에 표시한 빨간 점은 X=C, Y=5가 만나는 곳이에요. 이렇게 위치를 표시하는 값을 '좌표'라고 하지요.

이 점은 X축의 C와 Y축의 5가 만나는 점이에요.

그래프로 그림을 그리자

그래프에서 좌표 찾는 실력을 한번 확인해 볼까요? 아래 그래프에 오른쪽에 적힌 좌표를 표시하고 번호도 그대로 적어요. 그런 다음 번호 순서대로 점들을 이어요. 어떤 그림이 만들어지나요?

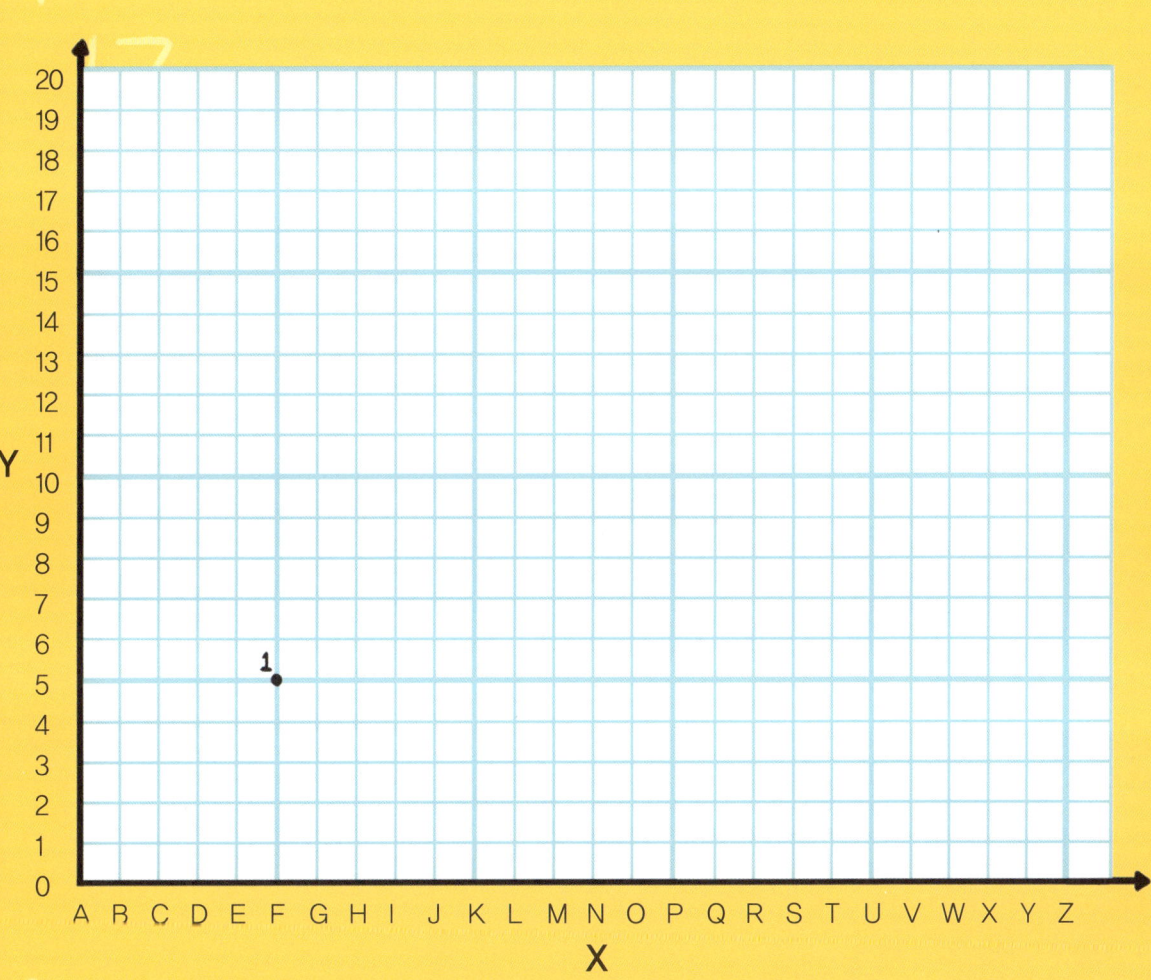

60쪽을 펼쳐서 제대로 그렸는지 확인해 보세요!

1. F5	37. U6
2. F6	38. V6
3. G6	39. U5
4. H8	40. T5
5. H10	41. T6
6. H11	42. S7
7. J13	43. T9
8. J15	44. S7
9. J13	45. Q5
10. H11	46. O5
11. G10	47. P6
12. G12	48. Q6
13. H14	49. R7
14. H15	50. P8
15. G14	51. P10
16. E14	52. S12
17. C15	53. P10
18. D15	54. P9
19. C16	55. M9
20. C15	56. K8
21. C16	57. K9
22. F16	58. J10
23. G17	59. K9
24. I17	60. K8
25. L14	61. K7
26. S14	62. M7
27. W10	63. M6
28. Y12	64. K6
29. Z14	65. J8
30. Z12	66. I10
31. W8	67. J8
32. U9	68. G5
33. U10	69. F5
34. U8	
35. T7	
36. U7	

원그래프

'원그래프'는 전체가 어떤 부분으로 나뉘는지 한눈에 알아볼 수 있도록, 부채꼴로 나누어 표시하는 그래프예요. 파이 한 판을 여러 조각으로 나눈 것처럼 보여서 '파이 도표'라고도 하지요.

원그래프는 원 하나를 서로 크기가 다른 여러 조각으로 나누어서, 각 부분이 전체에서 얼마만큼을 차지하는지 나타내요. 각 부분의 크기는 °로 표시하고 '도'라고 읽어요. 원 전체는 360°이고, 원 절반은 180°, 4분의 1은 90°예요.

원을 부채꼴로 나눴을 때 각 부분의 크기는 각도기로 잴 수 있어.

어떤 학급에 있는 아이들 24명의 머리색이 얼마나 다양한지, 원그래프로 한눈에 보여 주려고 해요. 먼저 아이들 몇 명이 각 머리색을 하고 있는지 세어서 기록해요.

갈색 12명 : 24명 중 절반이므로 원의 $\frac{1}{2}$, 즉 180°로 표시.

검은색 6명 : 24명 중 4분의 1이므로 원의 $\frac{1}{4}$, 즉 90°로 표시.

금색 4명 : 24명 중 6분의 1이므로 원의 $\frac{1}{6}$, 즉 60°로 표시.

빨간색 2명 : 24명 중 12분의 1이므로 원의 $\frac{1}{12}$, 즉 30°로 표시.

원그래프를 그려 보자

여러분이 요즘 가장 좋아하고 관심 있는 게 무엇인지 원그래프로 나타내 보아요. 무엇이 여러분의 머릿속에서 가장 넓은 공간을 차지하고 있나요?

먼저 큰 원을 그리고, 한가운데에 점을 하나 찍어요.

여러분이 좋아하는 것, 많은 시간을 써서 하는 일이나 자주 생각하는 것은 무엇인지 목록을 만들어 보세요. 운동, 아이돌 밴드, 악기 연주, 춤추기, 책 읽기, 혼자 놀기, 친구와 어울리기 등등, 무엇에 푹 빠져 있나요? 또는 이 모든 게 다 좋은가요?

원그래프에 넣을 목록을 다 골랐다면, 이제 여러분이 각각을 얼마나 좋아하거나 자주 하는지에 따라 여러 크기의 조각으로 나누어 보아요.

원그래프를 나눈 다음 각 칸이 구별되도록 좋아하는 색으로 채워 보세요. 그림을 그려 넣어도 좋아요!

원 그리기

원을 그릴 때 컴퍼스를 이용하면 편리하다는 건 잘 알지요? 컴퍼스의 뾰족한 끝과 연필심 사이 거리가 일정하게 유지되어 원을 그리기 쉬워요.

원의 중심과 원둘레 위의 한 점을 잇는 선의 길이를 반지름이라고 해요. 한 원에서 반지름은 어느 부분을 재도 늘 같지요.

컴퍼스를 써서 완벽한 원을 그릴 수 있어요.

그럼 만약 컴퍼스로 그리기 힘든 아주 큰 원을 그리고 싶다면 어떻게 할까?

끈을 사용하면 되지요! 연필과 압정도 필요해요. 끈의 한쪽 끝은 연필에 묶고, 다른 쪽 끝은 압정에 묶어요. 끈이 묶인 압정을 종이 한가운데에 꽂아서 고정하고, 끈을 팽팽하게 잡아당긴 채로 연필을 움직여 원을 그려요. 끈의 길이에 따라 얼마든지 큰 원을 그릴 수 있지요. 바닷가 모래사장에서는 압정 대신 막대기를 꽂아 아주아주 커다란 원을 그릴 수도 있고요.

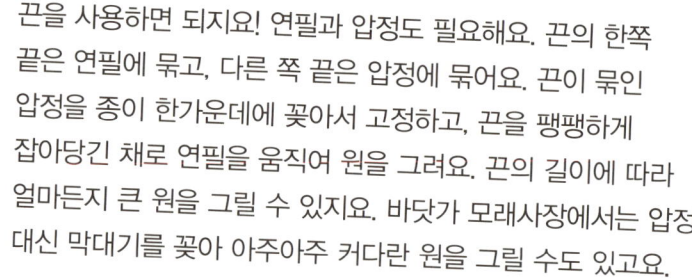

타원을 그려 보자

비슷한 방법으로 타원도 그릴 수 있다는 걸 아시나요?

준비합시다

- 연필
- 압정 2개
- 끈
- 종이
- 도마나 독서대처럼 판판한 받침대

압정을 2개나 더 많이 써서 그리면 어떻게 될까?

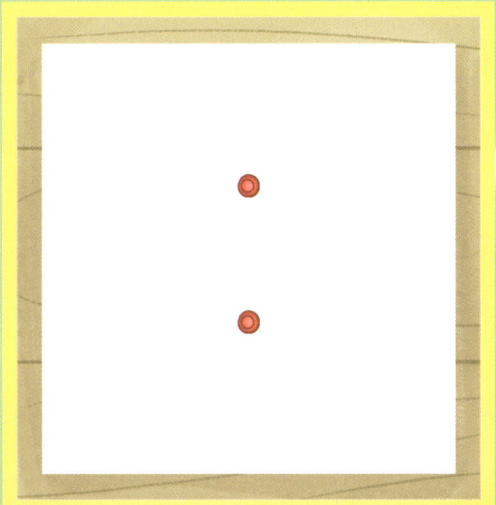

1. 받침대 위에 종이를 올리고, 그 위에 압정 2개를 20cm 정도 간격으로 꽂아요.

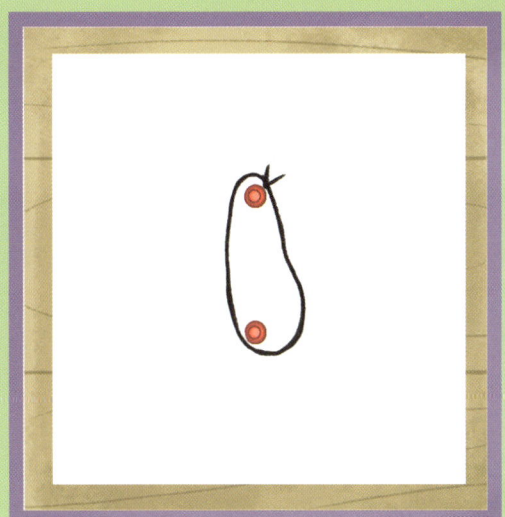

2. 끈을 45cm 정도 길이로 자른 다음, 양 끝을 묶어 고리로 만들어요. 고리를 두 압정에 둘러 끼워요.

3. 연필 끝의 심 부분을 고리 안에 넣고 밖으로 잡아당겨요. 고리를 팽팽하게 잡아당기면서 연필을 움직여 타원을 그려요.

확률 실험

이 문제를 푸는 친구들은 아주 당황스러울 거예요. 비밀을 알아낼 때까지는요! 이 문제는 미국의 텔레비전 게임쇼에서 나온 뒤로 유명해져서, 진행자의 이름을 따서 '몬티 홀 문제'라고 해요. 그럼 그 비밀을 파헤쳐 볼까요?

몬티 홀은 게임 참가자에게 문 세 개 중 하나를 선택하도록 했어요. 세 문 중 하나에는 아주 값진 상품이 숨겨져 있었지요.

세 문 다 뒤에 상품이 있을 확률은 똑같아요. 이때 참가자가 1번 문을 선택했다고 해 봐요.

참가자가 선택한 1번 문이 그대로 닫혀 있는 상태에서, 몬티 홀이 3번 문을 열었어요. 그 뒤에는 상품이 없었어요.

이제 참가자는 선택을 2번 문으로 바꾸는 게 좋을까요? 대부분은 선택을 바꾸지 않고 원래대로 1번으로 가요. 상품을 얻을 확률이 바뀌지는 않을 것 같거든요.

하지만 그렇지 않아요! 참가자가 선택을 바꾸면 상품을 얻을 확률이 높아져요.

문 세 개 가운데 하나를 선택한다는 건, 상품을 얻을 확률이 $\frac{1}{3}$ 이라는 뜻이에요. 몬티 홀이 문을 하나 열고 나면, 이제 문은 두 개만 남아요. 따라서 선택을 바꾸면 상품을 얻을 확률이 $\frac{1}{2}$ 이 되지요.

게다가 몬티 홀은 아무 문이나 열지 않았어요. 상품이 숨겨진 문도 아니고, 참가자가 선택한 문도 아니에요. 그러니까 이 상황에서 선택을 바꾸면 상품을 얻을 확률은 정말로 더 높아지지요.

몬티 홀 문제를 풀어 보자

좀 헷갈리죠? 여러분만 그런 게 아니에요. 수학자들조차도 이 확률을 계산하면서 헷갈려 해요! 이 문제는 어떤 일이 일어날 가능성을 나타내는 확률을 이해하기가 얼마나 어려운지 보여 주지요. 비슷한 문제를 만들어서 왼쪽에 나온 설명이 맞는지 한번 확인해 봐요.

준비합시다
- 종이컵 3개
- 조약돌 2개
- 동전 1개
- 종이와 연필

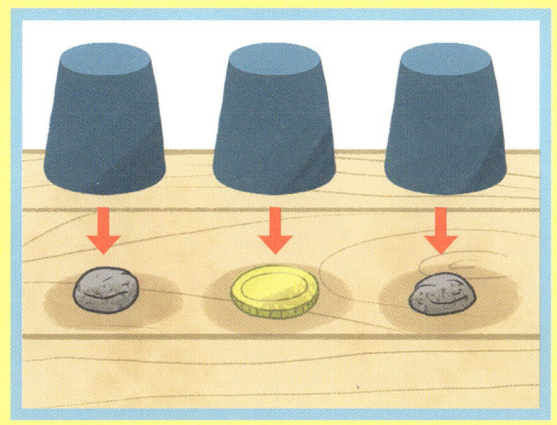

1. 조약돌 2개와 동전 1개를 나란히 놓고 종이컵으로 가려요. 어디에 무엇이 있는지 기억해 둬요.

2. 친구에게 세 컵 중 어디에 동전이 있는지 알아맞혀 보라고 해요.

3. 안에 조약돌이 있는 종이컵을 들어 올려요. 친구에게 선택을 바꿀지 말지 물어봐요.

4. 친구가 무엇을 골랐는지, 그 안에 동전이 있었는지 기록해요. 여러 차례 같은 시험을 해 보면, 선택을 바꿨을 때 알아맞힐 확률이 높다는 걸 확인할 수 있을 거예요!

별 모양 다각형

삐뚤빼뚤하지 않고 깔끔하게 별을 그리기란 꽤 어려워요. 하지만 다음에 나온 비법을 따라 하면 아주 쉽지요!

먼저 꼭짓점이 다섯 개인 별부터 시작해 봐요.

  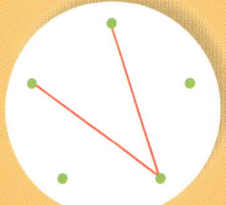 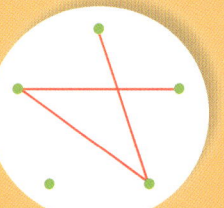 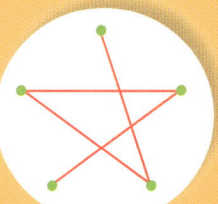 

그림처럼 원둘레 가까이에 점 다섯 개를 찍어요.

점 하나에서 시작해서, 그 다음다음 점을 잇는 선을 그려요.

그 자리에서 다시 다음다음 점을 잇는 선을 그려요.

또다시 다음다음 점을 잇고,

또 잇고,

또 이어요.

이런 식으로 점과 점 사이에 선을 끊지 않고 한 번에 이어서 여러 가지 별 모양을 그릴 수 있어요. 아래 방법만 따라 하면 되지요.
- 원둘레를 따라 점을 찍어요. 몇 개를 찍어도 상관없어요.
- 찍은 점의 개수를 세고, 아래에 적힌 두 가지 규칙에 따라 몇 칸씩 건너뛰어 점과 점을 이을지 '작은 수'를 정해요.
① '작은 수'는 점 개수의 절반보다 작아야 한다.
② 점 개수는 '작은 수'로 나누어떨어지지 않아야 한다.

이런 별을 '별 모양 다각형'이라고 해. 여기서 그린 별은 점 개수와 간격으로 이름을 붙여서 '12/5' 별 모양 다각형이라고 하지.

점을 12개 찍었다면, '작은 수'는 절반인 6보다 작은 수 가운데 1, 2, 3, 4는 안 되고, 5만 가능해요.

그렇게 해서 '작은 수'를 5로 정했으면, 이제 한 점과 그 옆으로 5번째에 있는 점을 이어요. 다시 그 5번째 점에서 옆으로 5번째 점을 이어요. 이런 식으로 처음 시작한 점으로 돌아갈 때까지 계속 선을 잇다 보면, 어느새 별이 완성되어 있을 거예요!

별을 그려 보자

아래에 원 모양을 이루는 점들을 이어서 별을 그려 보세요. 왼쪽에 나온 공식에 따라 '작은 수'를 정해서 선을 긋는 거예요! 흰 종이에 여러분이 원하는 대로 점을 찍어서 또 다른 별도 그려 봐요. 가장 맘에 드는 별 모양 다각형은 무엇인가요?

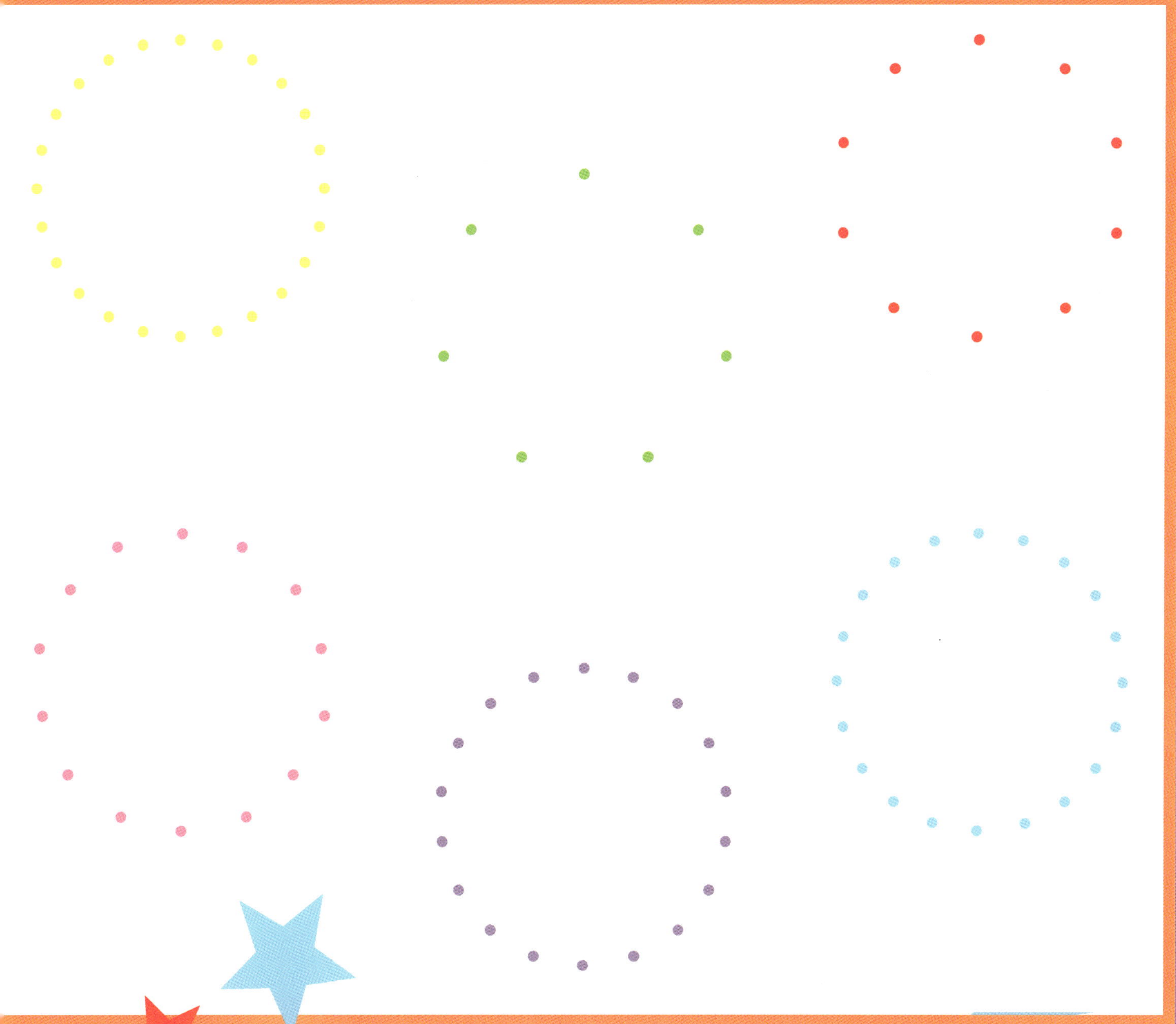

다각형과 다면체

수학에서는 모양을 설명할 때 '다각형'이나 '다면체'라는 이름을 붙이곤 해요. 어렵게 들릴 수도 있지만, 사실 그리 어렵지 않답니다!

'다면체'란 면이 여러 개 있다는 뜻이야.

다각형은 반듯한 선 여러 개로 이루어진 평면 도형이에요. 삼각형, 사각형처럼 익숙한 도형들이 바로 다각형이지요.

다면체는 다각형을 삼차원 입체로 만든 거예요. 다시 말해 평면 다각형으로 둘러싸인 입체 도형이지요.

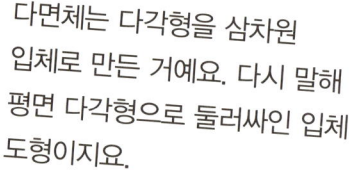

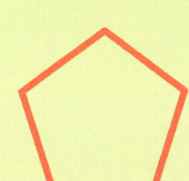

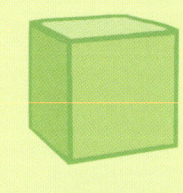
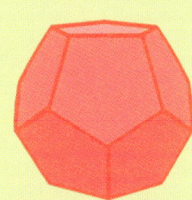

다면체는 다각형으로 이루어져 있으므로, 다각형 여러 개를 이어 붙여서 다면체를 만들 수 있어요. 예를 들어 오른쪽에 있는 다면체는 그 아래에 있는 전개도를 접어 붙여서 만들 수 있지요.

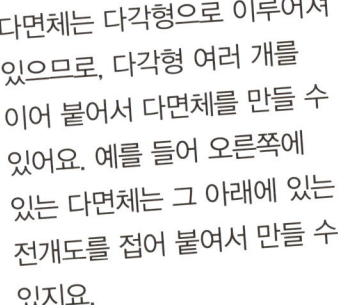

다면체를 완성해 보자

다면체를 직접 만들어 보고 싶나요? 그렇다면 아래에 있는 전개도를 복사하거나 종이를 대고 따라 그려요. 그런 다음 검정 테두리를 따라 가위로 오려서, 초록색 선을 따라 접어요. 흰 부분에 풀칠하고 붙여서 다면체를 완성해요.

전개도를 오릴 때는 가장자리 흰 부분을 빠뜨리지 말고 같이 오려요. 흰 부분을 안으로 접어 넣은 다음, 풀로 붙여 다면체를 고정해요.

정육면체

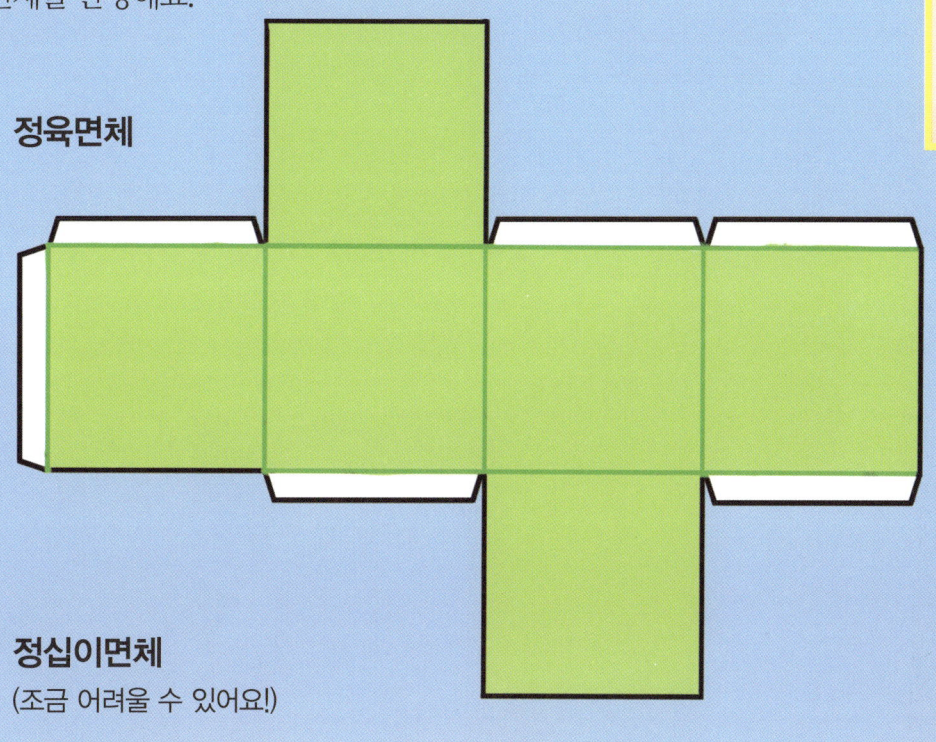

정십이면체
(조금 어려울 수 있어요!)

프랙털 구조

프랙털은 수학적인 모양의 한 종류예요. 전체 모양과 같은 모양이 작은 부분에서 되풀이되어 나타나는 것을 바로 프랙털 구조라고 해요.

프랙털 구조는 자연에서 쉽게 찾아볼 수 있어. 이 고사리 잎 좀 봐. 전체 큰 잎과 같은 모양이 그 안에 있는 작은 잎에서도 나타나지. 그리고 그 작은 잎 안에 있는 더 작은 잎도 같은 모양을 하고 있어.

아래 지도를 보면 작은 개울이 큰 개울로 흘러들고, 또다시 큰 개울이 강으로 흘러들고 있어요. 이것도 자연에서 만날 수 있는 프랙털 구조예요.

수학자와 예술가 들은 언제나 멋진 프랙털 구조를 생각해 냈어요. 아래에 나온 모양은 폴란드 수학자 바츨라프 시어핀스키가 내놓은 '시어핀스키 삼각형'이에요.

먼저 정삼각형을 그려요.

가운데 정삼각형을 뺀 나머지 정삼각형에, 같은 방법으로 더 작은 정삼각형을 그려 넣어요.

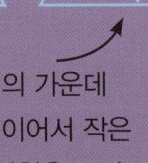

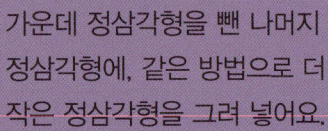

세 변의 가운데 점을 이어서 작은 정삼각형을 그려요.

계속 그렇게 되풀이해서 그려 넣어요.

프랙털 나무를 그려 보자

프랙털 모양으로 자라는 나무가 아주 많답니다. 나무줄기가 큰 가지들로 나뉘고, 큰 가지는 작은 가지로 나뉘고, 이는 또 더 작은 가지들로 나뉘지요. 이런 식으로 계속되어 나무에는 자잘한 잔가지 수백 개가 생겨나요.

남는 종이에 오른쪽 순서에 따라서 나무의 프랙털 구조를 그려 보세요. 그런 다음 아래 그림의 빈 곳에 프랙털 방법으로 나무 전체를 그려 보세요. 나뭇가지를 두 갈래로만 그릴 때와 세 갈래, 네 갈래로 그릴 때 어떤 차이가 있나요?

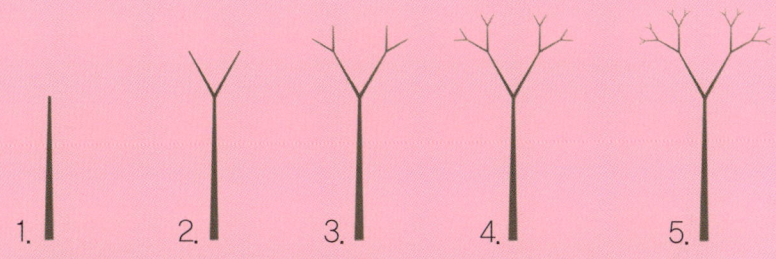

기하급수

동양의 장기와 서양의 체스는 모두 인도에서 비롯되었다고 해요. 전설에 따르면 인도의 왕은 새로 발명된 이 놀이에 푹 빠져서, 발명한 사람을 궁궐로 불러들였대요.

"이렇게 훌륭한 놀이를 발명하다니, 꼭 보답하고 싶소. 뭐든지 원하는 것을 말해 보시오."

발명한 사람은 잠시 생각한 뒤에 이렇게 말했어요.

"놀이판의 첫째 칸에는 쌀알 1개를, 둘째 칸에는 쌀알 2개를, 셋째 칸에는 쌀알 4개를… 이런 식으로 쌀알을 계속 두 배씩 늘려서 칸을 모두 채울 만큼의 쌀알을 주십시오."

왕은 그렇게 하기로 약속하고 쌀알 수를 계산하기 시작했어요. 모두 몇 개가 필요할까요?

그런데 잠깐! 왕은 처음에는 별것 아닌 소원인 줄 알았어요. 그런데 쌀알을 계속 두 배씩 늘리다 보니, 얼마 지나지 않아 그 수가 어마어마하게 커졌지요.

처음에는 작은 수지만, 금세 엄청나게 큰 수가 되지!

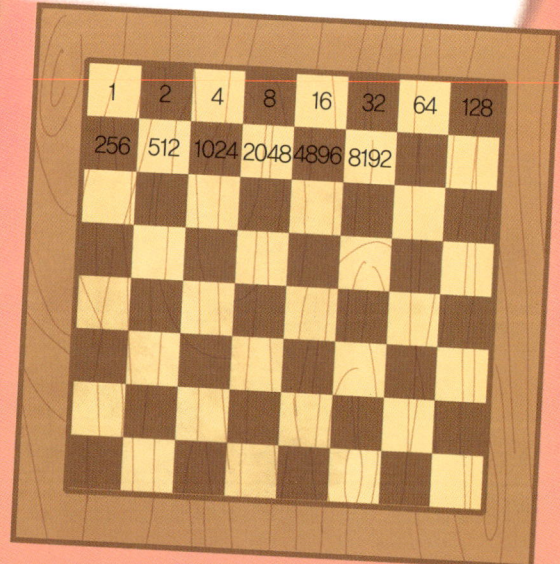

체스판에는 칸이 64개 있어요. 따라서 왕이 줘야 할 쌀알의 개수는 모두 합쳐

18,446,744,073,709,551,615개였지요.

1844경 67442조 737억 955만 1615개! 에베레스트산을 쌓을 수 있을 만큼 엄청난 양이었어요.

42

종이를 몇 번 접을 수 있을까?

그렇게 해서 인도의 왕은 쌀알 채우기 도전에 실패했는데, 여러분은 아래의 종이 접기 도전에 성공할 수 있을까요? 체스판과 마찬가지로 숫자가 '기하급수적으로' 올라가는 걸 경험해 보는 도전이랍니다. 얇은 종이 한 장만 준비하면 되지요. 신문지가 딱 좋아요.

여러분의 도전 과제는 종이를 반으로 접고, 다시 반으로 접고, 또다시 반으로 접고… 이런 식으로 전부 여덟 번을 접는 거예요.

할 수 있나요? 친구와 함께 도전해 보세요!

종이를 반으로 접을 때마다 두께가 두 배로 늘어나요. 얼마 안 있어 종이를 반으로 접기가 힘들어질 거예요.

직선으로 곡선 그리기

직선만으로 곡선을 그릴 수 있다고요? 그럼요. 여기 나온 특별한 수학 마법을 따라 하면 되지요. 같은 방법으로 여러 가지 신기한 무늬도 그릴 수 있어요.

위 그림처럼 가로줄과 세로줄을 같은 길이로, 서로 직각을 이루도록 그려요.

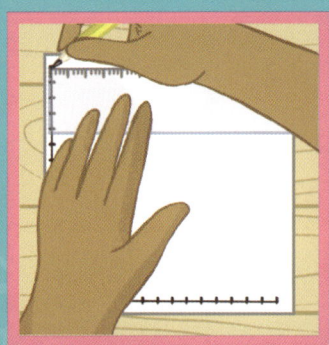

자를 대고 두 직선 위에 고른 간격으로 점을 찍어요. 가로줄과 세로줄에 같은 개수의 점을 찍어야 해요. 여기서는 각각 15개씩 점을 찍었어요.

이제 세로줄의 첫 번째 점과 가로줄의 마지막 점을 잇는 선을 그려요.

다음에는 세로줄의 한 칸 위와 가로줄의 한 칸 왼쪽에 있는 점을 이어요.

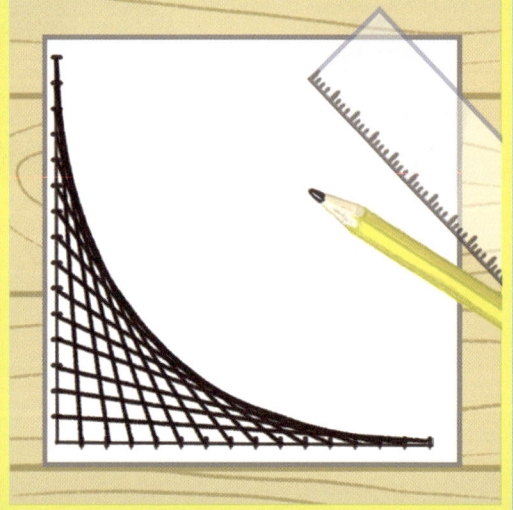

이런 식으로 계속 선을 긋다 보면 곡선이 나타난답니다!

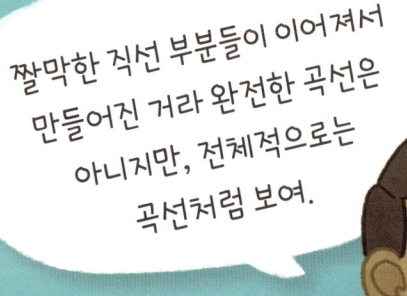

짤막한 직선 부분들이 이어져서 만들어진 거라 완전한 곡선은 아니지만, 전체적으로는 곡선처럼 보여.

바느질로 곡선을 만들어 보자

선을 그리는 대신, 실을 이용하여 곡선을 만들 수도 있어요. 여러 가지 크기와 간격으로 바느질을 해서 다양한 곡선 모양을 만들어 보세요.

준비합시다

- 빳빳한 종이
- 자와 연필
- 실
- 가위
- 큰 바늘

⚠️ 바느질할 때는 손을 찔리기 쉬우므로 조심해야 해요! 어른들에게 안전하게 바느질하는 방법을 배우고 나서 시작하도록 해요.

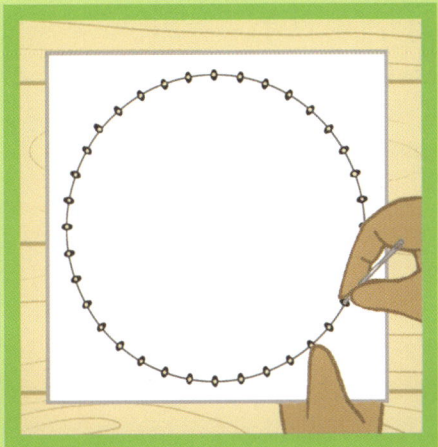

1. 빳빳한 종이에 원을 그리고, 간격이 고르게 점을 찍어요. 점을 따라 바늘로 찍어서 구멍을 내요.

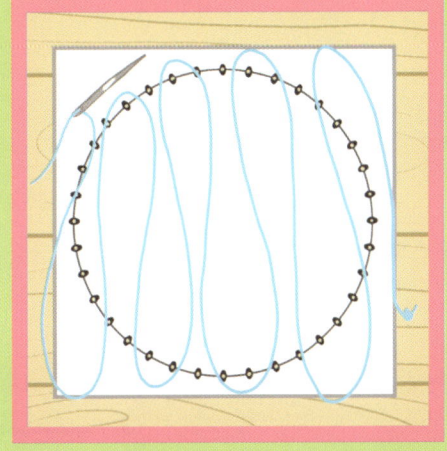

2. 실을 50cm쯤으로 잘라 바늘에 꿰고, 실 끝에 매듭을 지어요. 잘 안 되면 어른에게 도와 달라고 해요.

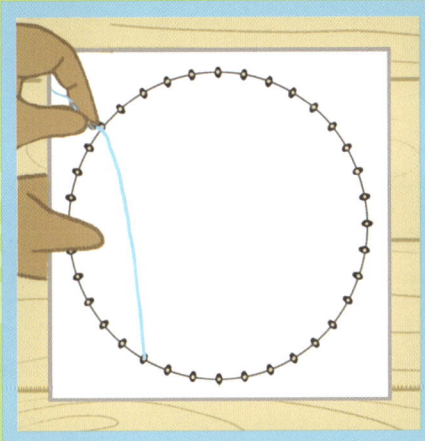

3. 바늘을 종이 뒷면에서 앞면으로 찔러 넣어요. 그런 다음 여러 칸 떨어진 다른 구멍으로 바늘을 찔러 넣어, 실로 직선을 만들어요.

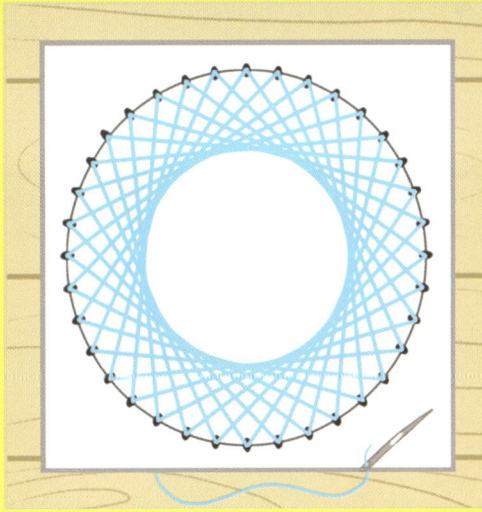

4. 다시 종이 뒷면에서 오른쪽으로 한 칸 떨어진 점에 바늘을 찔러 넣어요. 그리고 다시 앞면에서 좀 전과 같은 간격으로 바늘을 찔러 넣어 직선을 만들어요. 이런 식으로 계속 바느질을 하다 보면 곡선이 만들어지지요.

원주율

파이는 수예요. 하지만 정확하게 쓰거나 말할 수 없는 수예요. 2나 106, 7.5 같은 수와 달리, 파이는 딱 떨어지지 않고 끝이 없는 수, 즉 '무리수'거든요. 파이가 얼마인지 정확히 말해야 한다면 절대로 멈출 수가 없어요. 영원히 말해야 할 거예요!

파이가 뭐냐고요? 바로 우리에게 아주 익숙한 모양인 원에서 나온 수예요. 원둘레를 지름(원의 중심을 지나도록 원 위의 두 점을 이은 선분의 길이)으로 나누면 나오는 수로, '원주율'이라고도 하지요.

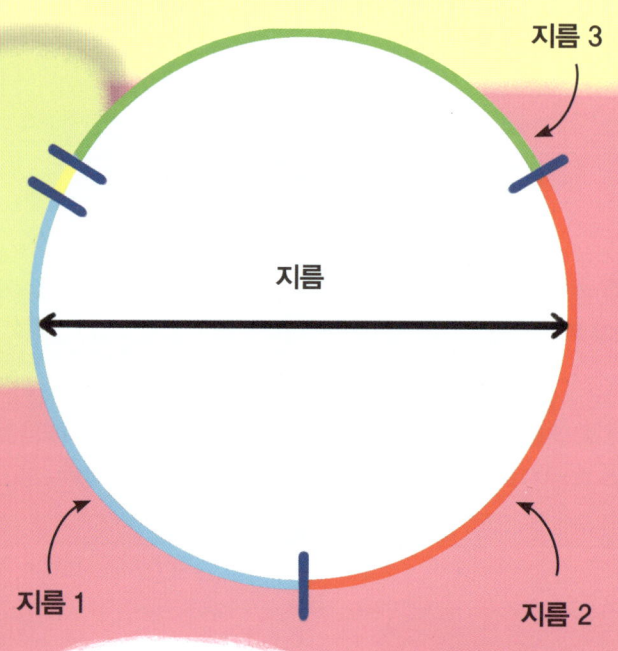

원둘레를 지름으로 나눈 값

3.1415926535897932384626433832795028841971693993751058209749445923078164062862089986280348253421170679…

이것이 바로 파이, 즉 원주율의 값이에요. 앞부분만 나타낸 거지요. 파이는 소수점 아래의 숫자가 끝없이 이어져요. 평소에 원둘레 길이를 구할 때는 쓰기 쉽도록 반올림해서 보통 3.14로 쓴답니다.

원이 아무리 크거나 작더라도, 원둘레를 지름으로 나누면 언제나 똑같은 원주율이 나오지. 그래서 지름에 원주율을 곱하면 원둘레 길이를 알 수 있단다.

π

파이는 보통 이런 부호로 나타내요. 그리스 문자에서 가져왔답니다.

원주율로 계산해 보자

원주율은 꽤 쓸모가 많아요. 실생활에서도 잘 써먹을 수 있지요. 파이를 이용해서 아래 문제를 해결해 보세요.

초콜릿 상자의 지름 10cm

둥근 선물 상자

알리는 동생에게 생일 선물로 줄 둥근 초콜릿 상자를 포장하고 있어요.
포장지의 가로 길이는 최소한 얼마나 되어야 할까요?

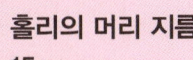

홀리의 머리 지름 15cm

종이 왕관

홀리는 학교 연극에서 왕 역할을 맡아서, 종이 왕관을 만들려고 해요.
머리둘레에 잘 맞으려면 종이를 얼마나 길게 해야 할까요?

할아버지의 케이크

할아버지가 케이크 가장자리에 초코볼을 둘러 장식하려고 해요.
초코볼의 지름은 1cm예요. 초코볼은 몇 개 필요할까요?

케이크의 지름 30cm

부피 재기

아르키메데스는 고대 그리스의 과학자이자 발명가로, 여러 분야에서 천재성을 나타냈어요. 아르키메데스는 벌거벗은 채로 목욕통에서 뛰쳐나오며 "유레카!(알았다!)"라고 외쳤다는 일화로 유명해요. 목욕통의 물이 흘러넘치는 모습을 보며 오랫동안 고민하던 문제를 해결했거든요.

전설에 따르면 고대 그리스의 왕이 어느 장인에게 순금으로 왕관을 만들어 오도록 했어요. 그런데 왕은 장인이 비싼 금 대신에 몰래 값싼 은을 섞었을까 봐 걱정되었어요. 그래서 왕은 아르키메데스에게 왕관이 순금으로 된 것이 맞는지 확인하라고 했어요.

아르키메데스는 금이 은보다 밀도가 훨씬 높고, 따라서 같은 양일 때 금의 무게가 더 나간다는 것을 알았어요. 그러니까 같은 무게라면, 순금 왕관이 은을 섞은 왕관보다 부피도 적고 공간도 적게 차지한다는 뜻이지요.

아르키메데스는 왕관의 무게는 쉽게 잴 수 있었어. 하지만 부피를 알아내는 건 쉽지 않았지.

정육면체처럼 단순한 모양의 부피를 계산하기는 쉬워요. 하지만 왕관은 들쑥날쑥 복잡한 모양이었지요.

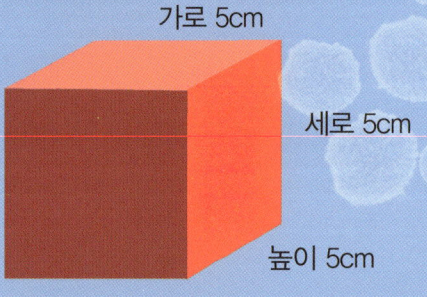

가로 5cm
세로 5cm
높이 5cm

부피 5cm×5cm×5cm=125cm³(세제곱센티미터)

아르키메데스는 목욕통에 들어가면서 물 높이가 올라오는 걸 보았어요. 그 모습을 보며 문득 자기 몸의 부피만큼 물 높이가 올라간다는 걸 깨달았지요. 같은 방법으로 왕관의 부피도 잴 수 있었어요. 왕관을 물에 넣고 물 높이가 얼마나 올라가는지 확인하는 방법으로요.

물로 부피를 재 보자

아르키메데스 이야기는 아주 오래되어서 진짜로 일어난 이야기인지는 알 수 없어요. 그래도 이런 방법으로 쉽게 부피를 잴 수 있다는 건 틀림없는 사실이에요. 여러분도 한번 해 보세요!

준비합시다

- 눈금 표시가 있는 커다란 물통이나 계량컵
- 물
- 숟가락이나 플라스틱 장난감처럼 들쑥날쑥한 모양에 방수가 되는 물건
- 펜, 종이

동전, 장난감 공룡, 오렌지, 골프공, 숟가락

옆에 있는 다섯 가지 물건 가운데 부피가 가장 큰 것은 무엇일까요?

1. 물통에 절반쯤 물을 채워요. 물 높이를 종이에 적어요.

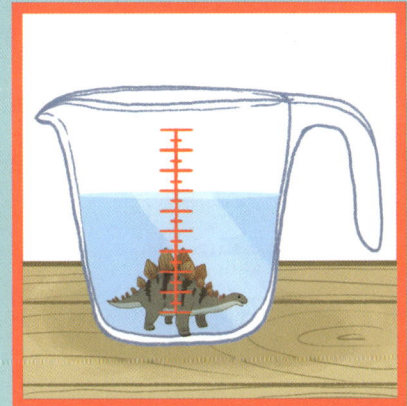

2. 준비한 물건을 물에 넣는데, 이때 물건이 물에 완전히 잠기도록 해요. 올라간 물의 높이를 적어요.

3. 올라간 물의 높이에서 처음 물의 높이를 빼면 그 물건의 부피가 나와요. 위에서 처음 물 높이가 원래 500㎖(밀리리터)였고 공룡을 넣은 다음에는 650㎖가 되었다면, 공룡의 부피는 150㎖예요. 150cm^{3}라고도 나타내지요.

이진 코드

컴퓨터는 0과 1이라는 두 가지 숫자만 써서 모든 것을 계산해요. 이것을 '이진 코드'라고 하지요. 컴퓨터는 다른 정보들도 이진 코드로 저장해요. 이런 걸 두고 '디지털' 정보라고 하는데, 정보를 0과 1이라는 숫자 형태로 나타낸다는 뜻이지요.

컴퓨터에 문자나 기호를 입력하면, 컴퓨터는 그것을 이진 코드로 변환하지.

악기 연주나 목소리를 녹음할 때에도, 그 소리는 컴퓨터에 수많은 0과 1이 조합된 형태로 저장돼요.

게임할 때 키를 누르면 디지털 신호로 변환되어 원하는 대로 조작할 수 있어요.

컴퓨터 화면에 보이는 그림들도 모두 이진 코드로 저장된 거예요. 선명한 사진이나 복잡한 그림, 영상도 마찬가지예요.

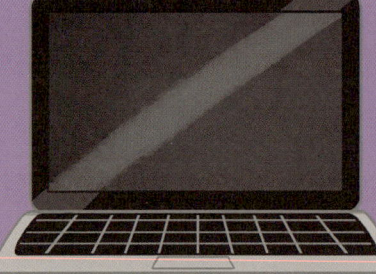

컴퓨터 코드를 해독해 보자

컴퓨터가 나열된 이진수들의 조합을 그림으로 바꿔 나타낼 때는 먼저 코드를 해독해요. 이진 코드를 읽어서 화면에 신호를 보내면, 화면에 여러 가지 색상이 다양한 화소로 표시되지요. 화소란 화면을 구성하는 아주 작은 점을 말해요.

여기에 나온 이진 코드들을 해독해서 그림을 완성해 보아요. 0과 1로만 이루어진 이 숫자 쌍들은 서로 다른 색깔을 나타낸답니다.

- 00 = 하얀색
- 01 = 노란색
- 10 = 파란색
- 11 = 검은색
- 100 = 빨간색

```
00 00 01 01 01 01 01 01 00 00
00 01 01 01 01 01 01 01 01 00
01 01 10 10 01 01 10 10 01 01
01 01 10 10 01 01 10 10 01 01
01 01 01 01 01 01 01 01 01 01
01 11 01 01 01 01 01 01 11 01
01 01 11 01 01 01 01 11 01 01
01 01 01 11 100 100 11 01 01 01
00 01 01 01 100 100 01 01 01 00
00 00 01 01 01 01 01 01 00 00
```

첫 번째 이진 코드부터 시작해 봐요. 맨 먼저 나온 두 숫자가 어떤 색깔을 나타내는지 확인하고, 맨 위 줄 첫 칸을 그 색으로 칠해요. 흰색이라면 칠하지 않고 넘어가는 게 좋겠지요. 같은 방법으로 다음 칸의 색을 확인해서 칠하고 또 다음 칸으로… 그리고 첫 줄을 다 채우면 그다음 줄을 차례차례 채워요. 어떤 그림이 되었나요?

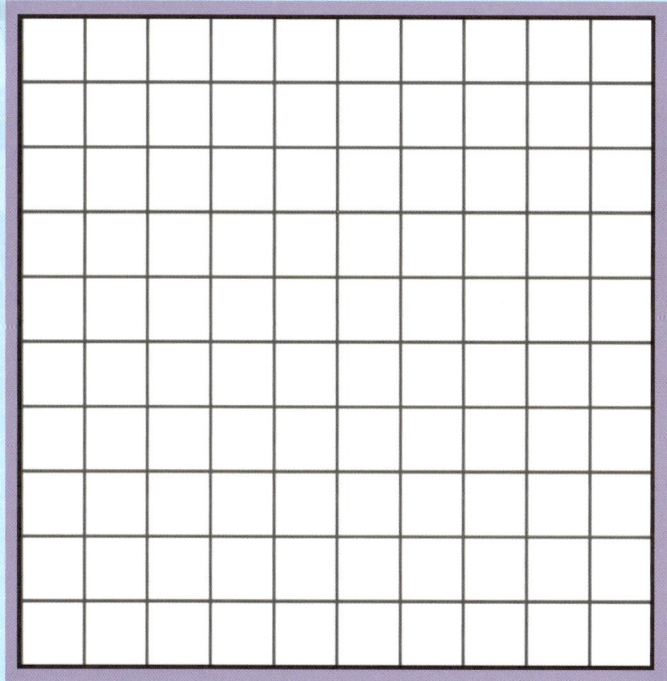

헷갈리지 않으려면 숫자 쌍을 하나씩 확인할 때마다 사선이나 동그라미로 표시해 두는 게 좋아.

이번에는 이 펭귄 그림의 코드를 적어 볼까요? 칸이 제법 많지만, 그래도 한번 도전해 봐요.

길이의 단위

영국이나 미국 같은 나라에서는 길이의 단위로 미터 대신 '피트(feet)'가 널리 쓰여요. 피트란 '발'이란 뜻인데, 진짜 발과 상관있는 말일까요? 맞아요! 오랜 옛날 처음으로 사물의 길이를 잴 때는 통일된 단위가 없었어요. 그래서 자기 몸을 기준으로 길이를 말하기 시작했지요.

당연히 몸 일부로 길이를 잴 때는 문제가 있어. 사람마다 길이가 서로 다르니 정확하지 않았지.

아래는 서양에서 널리 쓰인, 몸 일부로 길이를 나타낸 예시예요.

손을 뜻하는 **핸드(hand)**는 손바닥 너비를 나타냈어요. 지금도 말의 키를 잴 때는 핸드(약 10cm)를 써요.

손가락 끝에서 팔꿈치 사이 길이를 **큐빗(cubit)**이라고 했어요.

엄지손가락을 뜻하는 **썸(thumb)**은 엄지 두께를 나타냈어요. 나중에 인치(inch)가 되었지요.

양팔을 쫙 벌렸을 때 양쪽 손끝 사이의 길이를 **패덤(fathom)**이라고 했어요. 지금도 바다 깊이를 잴 때 쓰이기도 해요.

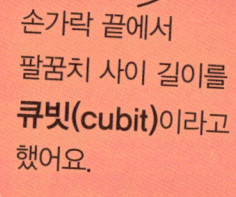

보통 남자의 발 길이를 **피트(feet)**라고 했어요.

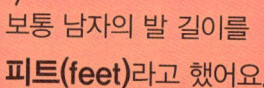

사람들은 오랜 시간에 걸쳐 차츰차츰 길이 단위를 표준화했어요. 그러면서 피트가 표준 길이 단위로 널리 쓰이면서 12인치, 약 30cm로 정해졌어요. 흔히 쓰이는 30cm 자의 길이와 비슷하지요.

우리 몸의 치수를 재 보자

줄자를 써서 여러분의 핸드, 썸, 큐빗, 패덤, 피트는 얼마인지 재 보아요. 다른 사람들은 어떨까요? 친구나 부모님의 치수를 재어서 여러분 것과 비교해 보아요.

핸드 _____
썸 _____
큐빗 _____
패덤 _____
피트 _____

한국말에도 몸의 일부로 길이를 재는 단위가 있어요.

뼘 : 엄지손가락과 다른 손가락을 힘껏 벌린 길이.

길 : 사람 키 정도의 길이.

아름 : 두 팔을 둥글게 모았을 때 둘레의 길이.

발 : 두 팔을 벌렸을 때 양쪽 손끝 사이의 길이. 패덤과 같은 뜻이에요.

끊임없이 계산하는 뇌

우리 뇌는 우리가 알아차리지 못하는 사이에도 언제나 수학을 한다는 걸 알고 있나요? 세상을 이해하고 우리의 안전을 지키기 위해서, 뇌는 끊임없이 무언가를 계산한답니다.

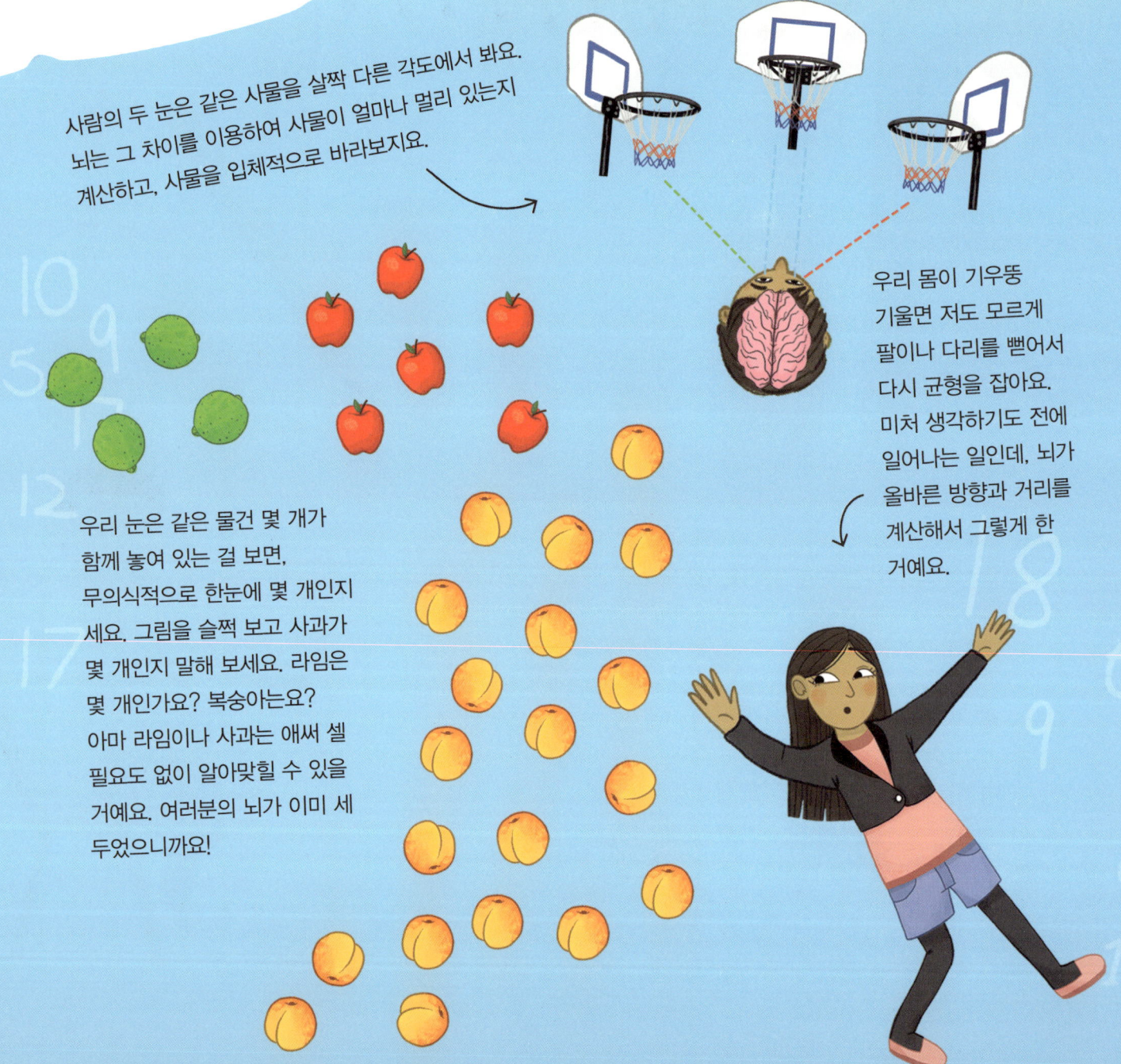

사람의 두 눈은 같은 사물을 살짝 다른 각도에서 봐요. 뇌는 그 차이를 이용하여 사물이 얼마나 멀리 있는지 계산하고, 사물을 입체적으로 바라보지요.

우리 몸이 기우뚱 기울면 저도 모르게 팔이나 다리를 뻗어서 다시 균형을 잡아요. 미처 생각하기도 전에 일어나는 일인데, 뇌가 올바른 방향과 거리를 계산해서 그렇게 한 거예요.

우리 눈은 같은 물건 몇 개가 함께 놓여 있는 걸 보면, 무의식적으로 한눈에 몇 개인지 세요. 그림을 슬쩍 보고 사과가 몇 개인지 말해 보세요. 라임은 몇 개인가요? 복숭아는요? 아마 라임이나 사과는 애써 셀 필요도 없이 알아맞힐 수 있을 거예요. 여러분의 뇌가 이미 세 두었으니까요!

뇌를 시험해 보자

이번에는 소리 듣기 실험으로 우리 뇌가 얼마나 수학을 잘하는지 확인해 봐요.
뇌가 알아서 할 테니 아무 걱정 마세요!

준비합시다

- 의자
- 눈가리개
- 넓은 공간
- 함께 실험할 친구나 가족

1. 한 사람이 의자에 앉아 눈가리개를 해요.

2. 다른 한 사람은 발소리가 나지 않도록 신발을 벗고 살금살금 움직여요. 의자 뒤로 3m쯤 떨어진 곳에 가서 서요.

3. 뒤에서 왼쪽이나 오른쪽으로 조용히 움직이면서 손뼉을 한 번 쳐요. 의자에 앉은 사람은 박수 소리가 어느 쪽에서 들리는지 왼손이나 오른손을 들어서 알아맞혀요.

아주 쉽죠? 하지만 소리가 나는 쪽을 알아맞히기 위해 우리 뇌는 복잡한 계산을 해요.

박수 소리는 양쪽 귀에 동시에 도착하지 않고, 아주 짧은 시간 차이가 있어요.

우리 뇌는 이 차이를 알고 그 각도를 계산해요.

이렇게 해서 소리가 어느 쪽에서 나는지 알아차릴 수 있지요. 수학 덕분이에요!

어마어마하게 큰 수

세상에 존재하는 가장 큰 수는 무엇일까요? 수학에서는 끝없는 수, 한없이 큰 수를 '무한대'라고 하고 '∞'라는 기호로 표시해요. 꼭 숫자 8을 옆으로 눕힌 것처럼 생겼죠? 바로 영원히 돌고 도는 고리 모양이에요.

수는 끝없이 계속 늘어놓을 수 있어. 아무리 큰 수를 떠올려도, 거기에 늘 1을 더할 수 있지. 거기에 또 1을 더하고, 또다시 1을 더할 수 있어. 영원히 말이야!

수학자들은 언제나 어마어마하게 큰 수를 생각해 내려 애썼어요. 그중 잘 알려진 수 가운데 하나가 바로 '구골'인데, 널리 쓰이는 인터넷 검색 엔진 '구글'도 여기서 따온 이름이지요. 구골은 1 뒤에 0이 100개나 붙은 수예요. 한번 써 볼까요?

10,000,000,000,000,000,000,000,000,000,000,000,000,000,000,000,000,000,000,000,000,000,000,000,000,000,000,000,000,000,000,000,000,000,000,000,000,000,000

이 수에 처음으로 구골이라는 이름을 붙인 사람은 '밀턴 시로타'라는 아홉 살 남자아이였어요. 밀턴의 삼촌인 수학자 에드워드 캐스너가 1 뒤에 0이 100개 붙은 수를 뭐라고 부를지 물었더니, 밀턴이 그렇게 대답한 거예요.

엄청나게 큰 수를 찾아보자

아래는 자연에서 만날 수 있는 엄청나게 큰 수에 관한 문제예요.
답이 무엇인지 생각해 본 다음, 61쪽에 나온 정답과 비교해 보세요.

1. 우리은하에는 별이 얼마나 많이 있을까요?

① 약 4000억 개
② 약 100억 개
③ 약 10억 개

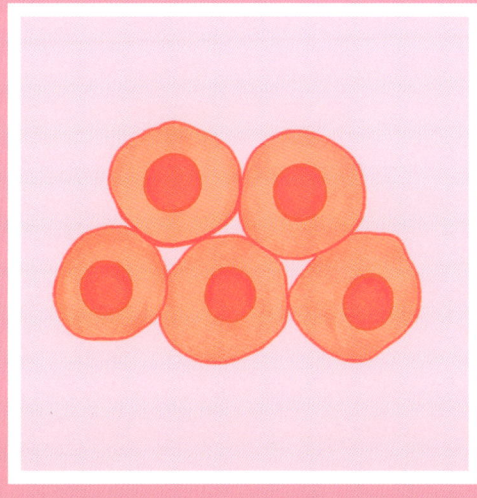

2. 사람의 몸에는 세포가 평균 몇 개쯤 있을까요?

① 약 150조 개
② 약 37조 개
③ 약 4조 개

3. 지구 전체에는 모래 알갱이가 얼마나 많이 있을까요?

① 약 700경 개
② 약 4000자 개
③ 약 150무량대수 개

한국어를 비롯한 한자권 언어에서는 아래처럼 1만 단위로 이름이 바뀌어요.

1만 1 0000 (10^4)
1억 1 0000 0000 (10^8)
1조 1 0000 0000 0000 (10^{12})
1경 1 0000 0000 0000 0000 (10^{16})
1해 1 0000 0000 0000 0000 0000 (10^{20})

자(10^{24}) < 양(10^{28}) < 구(10^{32}) < 간(10^{36}) < 정(10^{40}) < 재(10^{44}) < 극(10^{48}) < 항하사(10^{52}) < 아승기(10^{56}) < 나유타(10^{60}) < 불가사의(10^{64}) < 무량대수(10^{68})

깜짝 퀴즈

책 내용을 집중해서 잘 읽었나요? 다음 문제를 풀면서 이 책을 통해 알게 된 수학 지식이 얼마나 되는지 확인해 보아요.

1. 다음 문장은 참일까요, 거짓일까요? "마방진이란 가로와 세로, 대각선 방향 숫자들을 더했을 때 연속된 숫자가 나오도록 숫자를 늘어놓는 거예요."

2. 다음 문장은 참일까요, 거짓일까요? "뫼비우스의 띠에는 테두리도 하나, 면도 하나밖에 없어요."

3. 아래 그림은 황금 사각형이에요. 세로 길이가 10cm라면, 가로 길이는 얼마나 될까요?

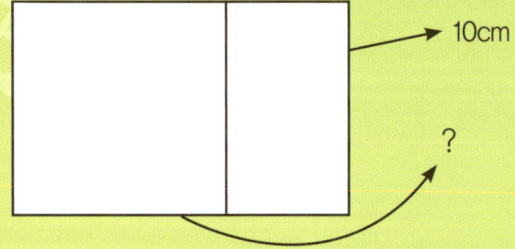

4. 14쪽에 나온 암호를 이용하여 아래 메시지를 읽어 보세요.

5. 아래의 눈송이 모양은 5회 회전 대칭인가요, 아니면 6회 회전 대칭인가요?

6. 다음 수 가운데 소수를 찾아서 동그라미로 표시해 보세요.

4, 5, 14, 15, 30, 51, 79, 89, 100

7. 홀리의 축구 팀 친구들은 경기를 마치고 간식으로 과일을 하나씩 골랐어요. 가장 인기 있는 과일은 무엇일까요? 사과를 고른 친구는 몇 명인가요?

8. 알리는 용돈을 모아 여러 가지 모양의 스티커를 샀어요. 아래의 원그래프는 알리의 스티커 가운데 어떤 모양이 얼마나 있는지 나타낸 거예요. 스티커가 모두 24개라면, 그중에 하트 모양은 몇 개일까요?

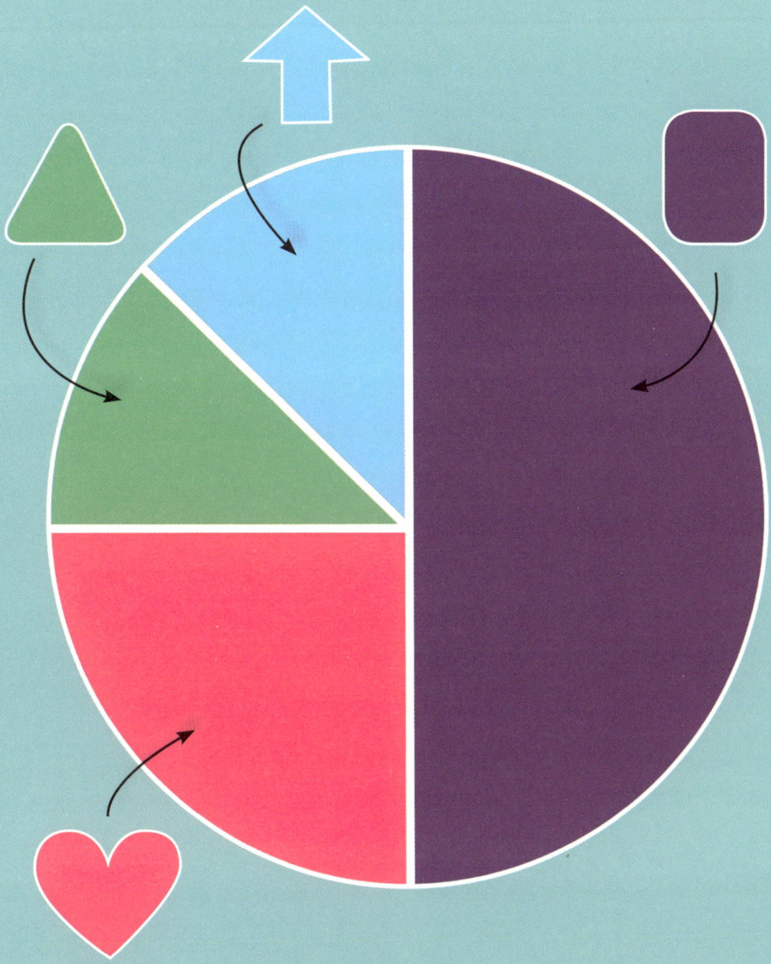

아래에 답을 다 적은 다음, 61쪽에 있는 정답과 비교해 보세요.

1. _____
2. _____
3. _____
4. _____
5. _____
6. _____
7. _____
8. _____
9. _____
10. _____

9. 다음 문장은 참일까요, 거짓일까요? "신문지 한 장을 반으로 계속 접으면 34번까지도 접을 수 있어요."

10. 다음 문장은 참일까요, 거짓일까요? "피트는 어린이의 평균 발 길이를 기준으로 만든 단위예요."

정답과 풀이

23쪽
1, 2, 4, 6은 같은 모양만으로도 완벽하게 쪽매 맞춤을 할 수 있어요. 하지만 3과 5는 아래 그림처럼 또 다른 모양이 있어야만 쪽매 맞춤을 할 수 있지요. 3에는 정사각형이, 5에는 정삼각형이 더 필요해요.

25쪽
사실 이 문제는 수학 문제가 아니라 착시 현상 문제예요! 첫 번째 직각 삼각형의 빗변에 자를 갖다 대 보세요. 거의 직선처럼 보이지만 사실은 아주 살짝 안쪽으로 구부러져 있답니다. 좀 더 큰 모눈종이에 같은 모양을 그려 보면 제대로 확인할 수 있어요. 여러 모눈과 양쪽 삼각형에 눈길이 쏠려 미처 알아차리지 못한 거예요. 조각들을 다시 배치하면서 빨간색과 파란색 삼각형 자리를 서로 바꾸면, 이번에는 빗변이 바깥쪽으로 살짝 구부러지게 돼요. 그에 따라 늘어난 넓이는 사라진 모눈 한 칸의 넓이와 같지요.

7쪽

1.

3	2	7
8	4	0
1	6	5

2.

5	11	2
3	6	9
10	1	7

3.

3	14	15	2
8	9	12	5
10	7	6	11
13	4	1	16

29쪽

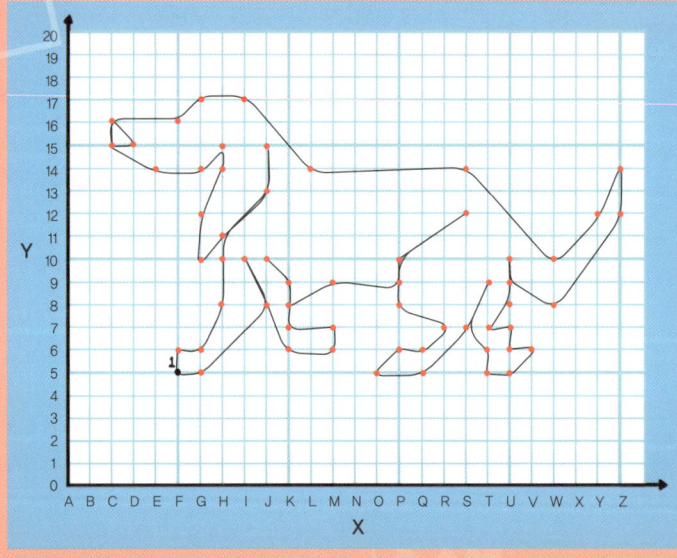

11쪽

6 × 7 = 42   9 × 8 = 72
8 × 10 = 80   10 × 6 = 60
7 × 9 = 63   7 × 10 = 70
9 × 10 = 90   9 × 9 = 81
6 × 8 = 48   6 × 9 = 54

47쪽

알리에게 필요한 포장지 길이는 최소 31.4cm예요.
홀리에게 필요한 종이 길이는 최소 47.1cm예요.
할아버지에게 필요한 초코볼은 94개예요.

51쪽

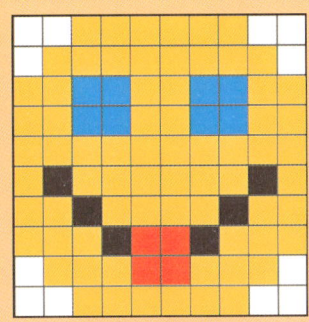

57쪽

1. ① 우리은하는 어마어마하게 넓어서 정확한 별의 개수를 알기는 어렵지만, 지금까지는 4000억 개 정도라는 주장이 널리 받아들여지고 있어요.
2. ② 우리 몸에 있는 세포의 수는 30~40조 개 정도라고 하는데, 아직 정확히 밝혀지지는 않았어요. 2013년의 어느 연구에서 37조 개 정도라고 발표했지요.
3. ① 지구 전체에 있는 모래 알갱이는 700경 개 정도라고 알려져 있어요.

58-59쪽 깜짝 퀴즈

1. 거짓. 마방진이란 가로, 세로, 대각선 방향의 숫자들을 더했을 때 모두 같은 값이 나오도록 숫자를 늘어놓는 거예요.
2. 참
3. 16.18cm
4. 난 암호를 잘 풀어
5. 6회 회전 대칭.
6. 5, 79, 89
7. 가장 인기 있는 과일은 복숭아고, 사과를 고른 친구는 8명이에요.
8. 하트 모양 스티커는 6개 있어요. 원그래프에서 4분의 1을 차지하므로, 24를 4로 나눈 값이에요.
9. 거짓. 보통 종이를 반으로 계속 접으면 8번 정도까지 접을 수 있어요. 그만큼 접으면 종이가 너무 두꺼워져서 더는 접기가 힘들어요. 그런데 2002년에 미국 캘리포니아에 사는 여학생 브리트니 갤리번이 종이를 12번까지 반으로 접는 데 성공했어요. 무려 1km가 넘는 엄청나게 긴 종이를 이용했지요!
10. 거짓. '피트'는 약 30cm로, 서양 어른 남자의 발 길이를 기준으로 만든 단위예요.

주요 개념

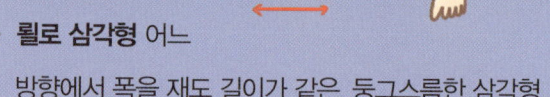

- **각도** 한 점에서 갈려 나간 두 직선이 서로 벌어진 정도. 도(°)를 기본 단위로 사용해요.
- **구골** 1 뒤에 0이 100개나 붙은, 엄청나게 큰 수.
- **굴대** 두 개의 바퀴를 이어 주며 바퀴 회전의 중심축이 되는 막대기.
- **기하급수** 이웃한 두 항의 비가 같도록 늘어나는 수의 배열, 또는 증가하는 수나 양이 아주 많음을 이르는 말.
- **꺾은선 그래프** 막대그래프의 끝을 꺾은선으로 연결한 그래프로, 시간의 흐름에 따라 변하는 양을 나타내기에 좋아요.
- **다각형** 셋 이상의 직선으로 둘러싸인 평면 도형.
- **다면체** 평면 다각형으로 둘러싸인, 면이 여러 개인 입체 도형.
- **단위** 길이, 무게, 넓이, 시간, 온도 등을 재서 수치로 나타낼 때 기초가 되는 일정한 기준.
- **대칭** 어떤 점, 선, 면을 사이에 두고 양쪽 모양이 같은 상태.
- **대칭축** 한 직선을 기준으로 양쪽이 대칭을 이루는 경우 그 직선을 이르는 말.
- **디지털** 정보를 숫자로 변환하여 한 자리씩 끊어서 데이터를 다루는 방식.
- **룰로 삼각형** 어느 방향에서 폭을 재도 길이가 같은, 둥그스름한 삼각형.
- **마방진** 숫자를 정사각형 모양으로 늘어놓을 때 가로, 세로, 대각선 위의 숫자를 더한 값이 모두 같도록 만든 것.
- **막대그래프** 비교할 양이나 수를 막대 모양으로 나타낸 그래프.
- **뫼비우스의 띠** 직사각형의 띠를 한 번 꼬아 양 끝을 붙인 것으로, 안팎 구분이 없이 면이 하나밖에 없는 도형.
- **무량대수** 1 뒤에 0이 68개 붙은 수로, 한국어나 한자 문화권에서 쓰이는 가장 값이 큰 단위예요.
- **무리수** 두 정수의 비로 나타낼 수 없는, 딱 떨어지지 않고 끝이 없는 수.
- **무한대** 어떤 수보다 더 큰 수. 또는 무한히 커져 가는 상태. 수학에서는 ∞라는 기호로 나타내요.
- **밀도** 어떤 물질의 질량을 부피로 나눈 값.
- **반지름** 원 중심과 원둘레 위의 한 점을 이은 선분의 길이.
- **부피** 입체 도형이 공간에서 차지하는 크기.
- **비** 두 가지 수나 양을 서로 비교해서 몇 배인지 나타내는 것. 비의 값을 비율이라고 해요.
- **선대칭** 어떤 기준선을 중심으로 한쪽이 반대쪽을 거울에 비춘 모양과 같은 것.

- **소수(素數)** 1과 그 수 자신으로만 나누어떨어지는 자연수.
- **스키테일** 문자 위치를 바꾸어 암호를 만들고 해독하는 데 쓰인 원통 모양 막대.
- **암산** 계산기나 필기도구를 쓰지 않고 머릿속으로 계산하는 일.
- **암호** 비밀을 지키기 위해 당사자만 알도록 꾸민 약속 기호.
- **원그래프** 원을 부채꼴로 나누고 그 넓이로 전체에 대한 각 부분의 비율을 나타낸 그래프.
- **원주율** 원둘레를 지름으로 나눈 값으로, 약 3.14예요. π(파이)라는 기호로 나타내요.
- **이진 코드** 어떤 값을 0과 1로 나타낸 부호 형식.
- **전개도** 입체의 표면을 한 평면 위에 펴 놓은 모양을 나타낸 그림. 펼친그림이라고도 해요.

- **컴퍼스** 두 다리를 벌리고 오므려 원을 그릴 수 있는 도구.
- **프랙털** 전체 모양과 같은 모양이 작은 부분에서 끝없이 되풀이해 나타나는 모양.
- **합성수** 1과 자신의 수 말고도 다른 자연수들의 곱으로 나타낼 수 있는, 소수가 아닌 수.
- **화소** 화면을 이루는 가장 작은 단위의 사각형 점.
- **확률** 어떤 일이 일어날 가능성의 정도나 수치.
- **황금비** 한 선분을 둘로 나눌 때 전체 길이와 긴 부분의 비가 긴 부분과 짧은 부분의 비와 같은 경우로, 약 1:1.618이에요.
- **회전 대칭** 도형을 회전시켰을 때 처음 위치의 도형과 완전히 겹쳐지는 것.

- **좌표** 직선이나 평면, 공간에서 점의 위치를 나타내는 수의 짝.
- **지름** 원 중심을 지나는 직선으로 원둘레 위의 두 점을 이은 선분의 길이.
- **직각** 두 직선이 만나서 이루는 90도의 각.
- **쪽매 맞춤** 같은 도형을 여러 번 써서 틈이 생기거나 겹치도록 하지 않고 공간을 완전히 메꾸는 일. 테셀레이션이라고도 해요.

추천하는 글

교육 방식에도 유행이 있어서, 한때 열풍을 일으키다 흔적 없이 사라지는 것들이 꽤 많습니다. 그런데 과학(Science), 기술(Technology), 공학(Engineering), 수학(Mathematics)에 통합적으로 접근하는 STEM 교육, 더 나아가 인문·예술(Art)을 결합한 STEAM 교육은 융합 인재 교육으로서 오랜 세월 주목받아 왔습니다. 단순한 지식 암기를 넘어서 융합적 사고력과 실생활 문제 해결력을 높임으로써, 4차 산업 혁명 시대를 맞아 인공 지능과 차별화된 인재를 양성하는 데 맞춤한 교육 방식이기 때문입니다. 〈별숲 어린이 STEM 학교〉 시리즈는 이러한 목표에 맞추어 우리 생활과 밀접한 개념과 지식이 깔끔한 그림과 함께 알기 쉬운 풀이로 나오고, 이어서 각 개념과 관련하여 직접 체험할 수 있는 재미난 활동 자료가 제공되어 통합적인 개념 파악과 응용이 가능합니다. 특히 이 책에 나온 활동들은 주변에서 쉽게 구할 수 있는 재료를 활용하여 특별한 준비 없이 지금 바로 할 수 있다는 것이 큰 장점이지요. 교육에 있어 그냥 듣기보다는 보고 듣는 것이 낫고, 또 그저 보고 듣기보다는 보고 듣고 만지고 활동하는 과정에서 아이들의 능력은 무한히 커집니다. 〈별숲 어린이 STEM 학교〉 시리즈는 과학 전반에 관심 있는 아이들에게는 한층 더 깊이 있는 탐구의 문을, 그렇지 못한 아이들에게는 쉽고 편안하게 과학의 세계에 들어갈 수 있는 문을 열어 줄 것입니다.

박근영 (초등학교 교사, 초등 과학 및 SW 교육 전문가)